U0338543

国家重点基础研究发展计划课题（2012CB214702)资助
国家自然科学基金项目(41272155)资助
山西省煤基重点科技攻关项目(MQ2014-02)资助
博士后创新人才支持计划(BX201700282)资助

上扬子区龙马溪组页岩微观孔缝演化与页岩气赋存

王　阳　朱炎铭　著

中国矿业大学出版社

内 容 简 介

全书选取上扬子区下志留统龙马溪组页岩为研究对象，结合研究区沉积埋藏史、有机质成熟生烃史、构造演化史为背景，针对目的层富有机质泥页岩样品，在页岩地球化学参数测试基础上，利用氩离子抛光扫描电镜、高压压汞、低温液氮吸附、二氧化碳吸附等微孔缝结构定性-定量表征技术，同时采用低成熟度页岩样品，利用仿真地层条件高温高压热模拟实验、高压等温吸附测试，借助计算机数值模拟、物理模拟，对研究区页岩微孔缝结构开展多角度、多精度、全尺度的定量表征进行系统研究，探讨页岩微孔缝在不同地质背景下演化规律及其对页岩气赋存的控制机理。研究结果为进一步阐明南方高-过成熟度页岩微孔缝结构演化特征，揭示页岩的微观赋存机理，并为后续研究页岩气成藏富集模式提供重要的实验基础和数据储备，同时，为指导页岩气勘探开发实践提供重要理论依据。

图书在版编目(CIP)数据

上扬子区龙马溪组页岩微观孔缝演化与页岩气赋存/王阳，朱炎铭著. —徐州：中国矿业大学出版社，2018.7

ISBN 978-7-5646-3820-7

Ⅰ. ①上… Ⅱ. ①王… ②朱… Ⅲ. ①页岩—研究 Ⅳ. ①P588.22

中国版本图书馆CIP数据核字(2017)第313204号

书　　名　上扬子区龙马溪组页岩微观孔缝演化与页岩气赋存

著　　者　王　阳　朱炎铭

责任编辑　周　红

出版发行　中国矿业大学出版社有限责任公司

（江苏省徐州市解放南路　邮编 221008）

营销热线　(0516)83885307　83884995

出版服务　(0516)83885767　83884920

网　　址　http://www.cumtp.com　**E-mail**:cumtpvip@cumtp.com

印　　刷　江苏凤凰数码印务有限公司

开　　本　787×960　1/16　**印张** 11　**字数** 209 千字

版次印次　2018年7月第1版　2018年7月第1次印刷

定　　价　36.00元

前　言

随着我国经济快速发展,能源供需矛盾日益突出,同时由于传统化石能源过度消费造成的环境问题日益严峻,寻找洁净的替代能源、有效调整国家能源结构迫在眉睫。在此背景下,国家大力支持煤层气、页岩气、致密砂岩气与天然气水合物等非常规天然气的勘探开发。受美国页岩气革命启发以及勘探开发技术手段的升级,国内近几年在页岩气勘探领域取得阶段性突破成果,建立多个国家级页岩气示范区,页岩气资源评价及试点区优选研究在全国范围内掀起热潮,其成藏理论研究成为地质领域研究热点。但由于页岩储层具有低孔低渗、纳米级孔隙发育、孔隙成因复杂、非均质性强等特点,直接造成页岩气赋存状态以及传输机制的多样性与复杂性,进而对页岩气成藏富集机理研究带来极大挑战。因此针对页岩微观孔缝结构及其演化机制的深入研究显得极为迫切!

有鉴于此,本书以上扬子区下志留统龙马溪组富有机质页岩为研究对象,采用野外调查、实验测试、数值模拟、理论研究等方法,以页岩微孔缝结构演化与页岩气赋存机理为科学问题展开系统研究。主要取得以下认识和成果:① 编制上扬子区龙马溪组黑色页岩厚度平面分布图;识别出龙马溪组含有黑色碳质页岩相、钙质页岩相、粉砂质页岩相、泥质粉砂岩相等 4 种主要岩相类型;定量表征龙马溪组地化特征与矿物组成。② 借助场发射扫描电镜,界定不同类型孔隙形貌特征,提出页岩骨架矿物刚性格架对有机质孔隙的保护机制,揭示层理微缝对页岩气赋存运移的重要意义;有效联合高压压汞、低温液氮和二氧化碳吸附等实验,实现对页岩孔隙结构全尺度定量表征。③ 借助高温高压原位地层仿真热模拟实验,系统揭示不同类型、不同尺度孔隙形貌与结构动态演化特征；反演龙马溪组孔隙动态演化规律，建立孔隙网络随热演化的4段式演化机制。④ 借助室内甲烷高压等温吸附实验，从Gibbs吸附量定义出发，揭示甲烷“倒吸附”现象机理，同时阐明页岩吸附含气量的影响因素。⑤ 最后基于分子动力学理论，借助巨正则蒙特卡洛法模拟系统研究微孔缝中页岩气微观赋存机理，揭示微孔尺度内甲烷主要以吸附态形式存在，明确孔径分布对页岩含气量有着至关重要的影响。

本书的出版得到国家重点基础研究发展计划课题(2012CB214702)、国家自然科学基金项目(41272155)、山西省煤基重点科技攻关项目(MQ2014-02)、博士后创新人才支持计划(BX201700282)与国家留学基金委(2014)资助。同时本次研究工作得到了中国矿业大学秦勇教授、吴财芳教授，美国宾夕法尼亚州立大学Shimin Liu教授、Derek Elsworth和Jonathan P. Mathews教授的指导，山西省煤炭地质勘查研究院张庆辉院长、王海生总工、屈晓荣副院长，中国矿业大学代世峰教授、姜波教授、郭英海教授、韦重韬教授、曾勇教授、傅学海教授、桑树勋教授、王文峰教授、汪吉林教授、李壮福副教授、王猛副教授、陈尚斌副教授和李伍副教授等提供了宝贵建议。江苏地质矿产设计研究院杨柳博士对页岩纳米级微孔缝结构表征提供了帮助。刘宇、冯光俊、王笑齐、张寒、陈司、尚福华、侯晓伟、张楚、姜振飞、高海涛、李学元、刘景、付常青、张旭、张海涛等对样品采集、图件绘制提供了帮助。在此，谨向以上给予帮助的单位和个人表示诚挚的感谢。

由于著者水平所限，书中不足之处在所难免，敬请专家、同行和广大读者批评指正。

著 者

2017年12月

目　录

1 绪 论

1.1 研究背景及意义

随着经济快速发展，我国对能源的需求日益增加，自给能源严重供应不足，急需大量的进口原油才能满足国内的生产建设需求。此外，我国面临的环境问题也日益加重，雾霾在全国各地大范围肆虐，严重影响着人们的日常生活和身体健康。环境问题的产生与大量使用常规化石燃料有着密切关系，为了改善以及扭转这种恶化趋势，国家也积极倡导优化能源结构，重点扶持鼓励绿色清洁能源的开发使用。在这种大背景下，煤层气、页岩气等非常规油气资源等绿色新能源接替研究持续升温。其中，美国页岩气勘探开发的突破引起了全球的广泛关注，页岩气资源不仅符合国家产业政策和发展循环经济的要求，而且也将为企业带来良好的经济效益、环保效益和社会效益。页岩气一旦勘探突破形成产能，不仅对缓解我国油气资源接替的压力产生至关重要的作用，给我国能源结构的逐步调整带来契机，也将有助于减少二氧化碳排放，改善环境问题。页岩气地质基础理论以及勘探开发技术已成为地质领域研究的热点。

页岩气(shale gas)是指主体富集于富有机质页岩中，以吸附和游离状态为主要赋存形式的非常规天然气(Curtis，2002；Jarvie 等，2007；张金川等，2008；贾承造等，2014；邹才能等，2015)。美国在页岩气领域成功的商业开发，促进了国际上对页岩气的研究与勘探开发，澳大利亚、新西兰、欧洲以及中国都加大了页岩气的研究和资源评价勘探力度。国内学者主要针对我国海相-海陆交互相-陆相等三套富有机质页岩形成的地质条件(李登华等，2009；邹才能等，2010；董大忠等，2012；Zou 等，2016)、储层特征评价(刘树根等，2011；于炳松，2013；薛华庆等，2013；陈尚斌等，2013；黄金亮等，2016)、成藏机理与富集规律(张金川等，2008；陈更生等，2009；包书景等，2016)、页岩气资源评价方法(卢双舫等，2012；张金川等，2012；肖贤明等，2015；董大忠等，2016)和能源战略意义(张金川等，2008；肖贤明等，2013；贾承造，2017）等方面进行了系统研究，并取得了丰硕的研究成果。尽管我国页岩气起步晚，但随着近几年国家日益重视，投入增加，页岩气的理论研究和勘探开发进程大大加快。2012 年 11 月，中国石油化工股份有限公司（以下简称“中国石化”）在重庆涪陵焦石坝地区部署焦页 1HF 井，试产气 20.3×10^4 m^3/d，获得高产工业气流，实现了中国页岩气勘探的重大突破。2013 年 1 月，该井投入开采，日产气 6×10^4 m^3，正式拉开了中国页岩气商业化开采的序幕。至 2015 年年底，涪陵国家级页岩气示范区日产气量超 $1\,300\times10^4$ m^3，气田建成超过 42×10^8 m^3/a 的产能，累计产气达 30.2×10^8 m^3，是目前我国首个实现商业化开发的页岩气田（郭彤楼，2016）。

随着页岩气的成功勘探开发，泥页岩“源-储-盖”一体的页岩气系统被众多学者广为接受（Curtis，2002；Montgomery 等，2005；Jarvie 等，2007；Hill 等，2007；Loucks and Ruppel，2007；聂海宽等，2009；宋岩等，2013）。而具有低孔低渗特点的泥页岩储层极大地制约了页岩气经济的有效开发，泥页岩储集空间作为衡量和评价储层优劣的重要指标，其微观孔缝结构研究一直受到国内外石油地质学家的广泛关注（Chalmers 等，2012；姚素平等，2012；焦堃等，2014；陈尚斌等，2015；Shao 等，2017）。页岩中纳米孔隙发育，孔隙率较低，这种微观孔隙结构会影响页岩气的赋存状态以及传输机制，进而对页岩气的成藏富集产生重要的影响。另一方面，富有机质页岩在地质历史时期经历过复杂的沉积埋藏-成岩演化-生烃成熟-构造改造等过程，而此动态过程直接决定了现今页岩孔隙结构形态和结构参数。由此可见，页岩孔隙结构的演化，受到多种因素的制约，而页岩气赋存形式与传输机理的多样性、复杂性和特殊性又与页岩孔隙结构有着密切的关系，因此针对页岩微孔缝结构（本书中涉及的“缝”均指扫描镜下观测到的微裂缝，也可统称为纳米级孔隙）及其演化机制开展深入的研究，这对页岩储层评价、页岩气成藏机理研究以及指导页岩气藏勘探开发具有重大意义。

“十二五”期间，国土资源部先后设立了 4 个国家级页岩气开发示范区，其中 3 个处于上扬子区针对下志留统龙马溪组（重庆涪陵页岩气示范区、长宁-威远页岩气示范区、云南昭通页岩气示范区），并在重庆涪陵、四川长宁-威远地区获得了良好的页岩气产能，2015 年中国页岩气产量达 44.71×10^8 m^3。由此可见，上扬子区龙马溪组页岩气展现出良好的页岩气勘探开发前景。国内多数学者也倾向于将上扬子地区（特别是四川盆地）作为现阶段中国页岩气勘探开发重点目标区，将下志留统龙马溪组黑色页岩作为目标层系（张金川等，2008；蒲泊伶等，2010；Chen 等，2011；王玉满等，2015；刘树根等，2015；邹才能等，2015；

郭彤楼,2016;董大忠等,2016;赵文智等,2016;腾格尔,2017)。因此,本次选取上扬子区下志留统龙马溪组作为研究对象,以储层微孔缝结构表征与演化为立足点展开研究,富有理论和现实双重意义。

全书选取上扬子区下志留统龙马溪组页岩为研究对象,结合研究区沉积埋藏史、有机质成熟生烃史、构造演化史为背景,针对目的层富有机质泥页岩样品,在页岩地球化学参数测试基础上,利用氩离子抛光扫描电镜、高压压汞、低温液氮吸附、二氧化碳吸附等微孔缝结构定性-定量表征技术,同时采用低成熟度页岩样品,利用仿真地层条件高温高压热模拟实验、高压等温吸附测试,借助计算机数值模拟、物理模拟,对研究区页岩微孔缝结构开展多角度、多精度、全尺度的定量表征进行系统研究,探讨页岩微孔缝在不同地质背景下演化规律及其对页岩气赋存的控制机理。研究结果为进一步阐明南方高-过成熟度页岩微孔缝结构演化特征,揭示页岩的微观赋存机理,并为后续研究页岩气成藏富集模式提供重要的实验基础和数据储备,同时,为指导页岩气勘探开发实践提供重要理论依据。

1.2 国内外研究现状与存在问题

页岩纳米级孔隙结构给页岩储层表征带来巨大挑战,常规油气储层表征手段难以适用于致密页岩。因此,国内外学者利用多种非常规测试手段,从孔隙静态表征到孔隙动态演化,再到孔隙结构对页岩气成藏的影响等多个角度开展了大量工作,取得了丰硕的研究成果。

1.2.1 页岩孔隙结构表征与分类

(1) 页岩孔隙结构表征

作为储层,含气页岩具有典型低孔低渗特点。页岩中富含的纳米级孔隙构成复杂的孔隙网络,其中微-介孔尺度孔隙比表面积大,为吸附气提供吸附点位,而宏孔尺度孔隙为游离气提供了赋存空间(Ross and Bustin,2008;张金川等,2008;侯宇光等,2014)。由于认识的局限,前人多将富有机质页岩作为烃源岩研究,而受益于先进实验技术的飞速发展以及非常规油气观念的深入人心,纳米级孔隙的发现揭开了页岩作为储集层研究的序幕。相比于常规砂岩储层的较高孔隙率、渗透率,页岩低孔、低渗的“双低”特点给储层评价带来困难,鉴于页岩储层的特殊性与复杂性,难以直接将常规储层评价方法生搬硬套应用于页岩中。页岩储层表征的核心难点在于对纳米尺度孔隙结构的定性-定量描述，因此大量学者尝试不同实验手段展开对页岩储层孔隙结构的表征工作。

目前，还没有形成针对页岩微观孔隙特征的一套标准实验分析技术方法。在实际研究中，综合多种实验技术来分析页岩储层微观特征可以使结果更准确。国内外学者利用现有的实验分析技术在页岩储层微观特征研究方面做了大量工作，为页岩气的勘探开发提供了重要的理论支持。总体而言，页岩孔隙结构表征方法主要分为两大类：一是射线探测法，包含光学显微镜、场发射扫描电镜（FE-SEM）、透射电子显微镜（TEM）、原子力显微镜（AFM）、纳米 CT、小角度 X 射线（SAXS）、小角度/超小角度中子散射（SANS/USANS）等（田华等，2016；李晋宁等，2016；刘文平等，2017）；二是流体贯入法，主要包括高压压汞、低温液氮吸附、二氧化碳吸附等（Clarkson 等，2013；Tian 等，2015）。

对于射线探测类技术，最为常用的是扫描电子显微镜。该测试技术的最大优点是对孔隙表征具有直观可视化，特别是在孔隙形态学和成因研究方面具有明显优势（Loucks 等，2009；Curtis 等，2012；焦淑静等，2012；韩辉等，2013）。同时，结合氩离子抛光技术处理页岩样品，使得扫描电镜成像效果更加清晰准确，减少手工处理样品引起的误差（Loucks 等，2012；杨超等，2013；黄磊和申维，2015）。场发射扫描电镜不仅可以提供孔隙形貌成因等定性信息，通过专业图像处理软件，结合统计学方法，还可以定量获取孔隙结构参数（面孔率、孔径分布、孔隙数量等）（Jiao 等，2014；张廷山等，2014；赵可英和郭少斌，2015）。Wang 等（2013）借助 Trinity 3D 图像处理软件，批量处理龙马溪组与筇竹寺组页岩孔隙扫描电镜照片，揭示了龙马溪组有机质孔隙更加发育，面孔率能达到 25.6%，孔径分布介于 12～380 nm，而筇竹寺页岩有机质孔隙发育较少，面孔率约为 5.2%，且有机孔隙孔径更小，介于 12～80 nm。在扫描电镜二维观测统计的基础上，Ma 等（2015）借助聚焦离子束-扫描电镜（FIB-SEM）实现对页岩微观结构的三维重建，从三维重建图像中清晰可见有机质孔隙非常发育且互相连通形成网络。图像分析技术受观测范围限制，受页岩样品非均质性影响较大，实验结果代表性有限。因此，国外学者进一步借助小角度/超小角度中子散射技术定量表征整体页岩孔隙结构（Clarkson 等，2013），中子散射可以在无损条件下研究不同温压条件下孔隙结构，且实验结果不受孔隙连通性限制，具有可以定量表征页岩开孔和死孔等独特优势。Mastalerz 等（2012）利用小角度/超小角度中子散射技术对比表征煤与页岩孔隙结构特点，结果表明页岩中孔隙连通性较差，死孔较多。值得注意的是，由于中子源获取极为困难，且实验价格昂贵,国内利用此技术研究页岩孔隙较少。总体而言,射线探测类孔隙表征技术一方面受限于孔隙非均质性,另一方面一些测试手段价格高昂,因此仅依靠此类实验测试手段难以全面表征页岩孔隙发育特点。

对于流体注入法测试技术,一般使用汞等非润湿性流体或氮气、二氧化碳等气体在不同的压力下注入样品并记录注入量,通过不同理论方法基于合适假设模型,定量表征孔隙结构参数(孔容、孔比表面积、孔径分布等),该类实验样品处理相对简单,实验过程易操作,获取数据相对全面,因而在目前页岩微孔缝表征研究中应用最为广泛(杨峰等,2013;武景淑等,2013;Tian 等,2015;王淑芳等,2016;李晋宁等,2016)。压汞法测试在煤储层孔隙表征中应用十分广泛(秦勇等,1995;傅雪海等,2005;姜文等 2013;陈义林等,2015),许多学者将压汞法引入页岩储层孔隙表征研究中(谢晓永等,2006;龙鹏宇,2011;钟太贤,2012;陈尚斌等,2013;杨峰等,2013;王欣等,2015)。同时由于页岩较煤储层而言,具有孔隙率更低、渗透率更低、孔径更小等特点,对于纳米级孔隙而言,需要极高排驱压力促使样品进汞,存在高压破坏页岩原始孔隙的风险,因此压汞法在页岩孔隙表征研究中存在一定局限性,表征微孔-介孔可靠性较差。与压汞测试相比,液氮与二氧化碳吸附法在页岩储层孔隙表征研究中运用更为普遍,前者更适用于表征介孔结构参数,后者适用于微孔结构研究(Clarkson 等,2013;Furmann 等,2014;Chalmers 等,2012)。由于不同流体注入法孔径表征范围的差异,单一方法难以全面揭示样品孔隙特征,多种方法综合使用和数据对比工作成为近年来的发展趋势(田华等 2012;Clarkson 等,2013;Wang 等,2014)。Clarkson 等(2013)利用气体吸附法研究北美页岩储层发现氮气吸附与二氧化碳吸附的孔径分布在重复孔径段相似度高,且联合应用氮气吸附与二氧化碳吸附有效表征了 100 nm 以下孔隙。Wang 等(2014)针对湘西北下寒武统牛蹄塘组页岩,分别利用高压压汞表征宏孔孔隙、液氮吸附表征介孔孔隙、二氧化碳吸附表征微孔体积,联合三类实验实现页岩全尺度孔隙表征,揭示孔体积主要由孔径小于 50 nm 孔隙贡献,而孔比表面积主要由孔径小于 5 nm 孔隙控制。

综合而言,各个实验测试手段都有其独有的优势,也存在其短板,无法使用一种表征技术就能达到全面表征孔隙结构的目的。目前较为系统的孔隙表征方法是首先利用氩离子抛光扫描电镜描述孔隙形貌成因特征,再结合高压压汞、低温液氮和二氧化碳吸附测试联合定量表征孔隙结构参数。

(2) 页岩储层孔隙分类

页岩气储层作为一种非常规储集体,目前国际上对于页岩孔隙分类方案多种多样。综合而言,各学者分类基本基于两个原则,一是孔隙大小,二是孔隙形貌产状。

页岩孔隙发育尺寸跨度极大,非均质性极强,大则达到几个微米,肉眼可见,小则不足1 nm。但绝大部分孔隙发育尺寸小于1 μm,处于纳米级别。据此,多数学者推荐应用国际理论与应用化学学会(IUPAC)关于孔隙大小的分类(Chalmers 等,2008;Kuila and Prasad,2013;Tian 等,2013;Wang 等,2014)。根据IUPAC的分类,孔隙孔径小于2 nm的称为微孔(micropore),孔径介于2~50 nm的称为介孔(mesopore),孔径大于50 nm的称为宏孔(macropore)(Rouquerol 等,1994)。Loucks 等(2012)在对Barnett页岩孔隙研究中依据孔径大小提出新的分类:小于1 nm称为细微孔(picopore),1 nm~1 μm称为纳米孔(nanopore),1~62.5 μm称为小孔(micropore),62.5 μm~4 mm称为中孔(mesopore),大于4 mm为大孔(macropore)。钟太贤(2012)借鉴煤层孔隙分类成果,在中国南方海相页岩孔隙结构特征研究基础上,将页岩储集空间按孔径大小分为5种类型:裂隙(大于10 000 nm)、大孔(介于1 000~10 000 nm)、中孔(介于100~1 000 nm)、过渡孔(介于10~100 nm)、微孔(小于10 nm)。

相比页岩孔隙大小分类而言,基于孔隙形貌产状的分类成果则更为多样。Slatt和O'Brien(2011)基于对Barnett和Woodford页岩孔隙类型的研究,将其中的孔隙类型划分为黏土絮体间孔隙、有机孔隙、粪球粒内孔隙、化石碎屑内孔隙、颗粒内孔隙和微裂缝通道等6种。Loucks 等(2012)则提出了一个泥页岩储层基质孔隙三端元分类方案,把基质孔隙分成3种基本类型,即粒间孔隙、粒内孔隙和有机质孔隙。前两种孔隙类型与矿物基质有关,第三种类型与有机质有关(图1-1)。

国内许多学者在借鉴北美页岩孔隙分类的基础上,基于扫描电镜下国内页岩孔隙发育类型,提出了较为详尽的分类方案。孔隙类型主要包括有机质孔、生物孔、残余原生孔、黏土絮体间孔隙、次生溶蚀孔、刚性矿物颗粒边缘孔、溶蚀杂基内孔、晶间孔、矿物铸模孔、古生物化石孔、黄铁矿晶间孔隙、石英颗粒边缘微孔隙、构造缝(梁超等,2012;魏祥峰等,2013;梁兴等,2014;蒲伯伶等,2014;伍岳等,2014;张琴等,2016;久凯等,2016)。丁文龙等(2011)根据成因不同将泥页岩中裂缝划分为构造裂缝和非构造裂缝2大类12个亚类,其中构造裂缝主要为高角度剪切裂缝、低角度滑脱裂缝和张剪性裂缝等,而非构造裂缝主要由超压、成岩、干裂、压溶、重结晶、矿物相变及风化作用形成。龙鹏宇等(2012)基于渝页1井龙马溪组页岩储层孔隙研究成果,提出将基质孔隙划分为有机质

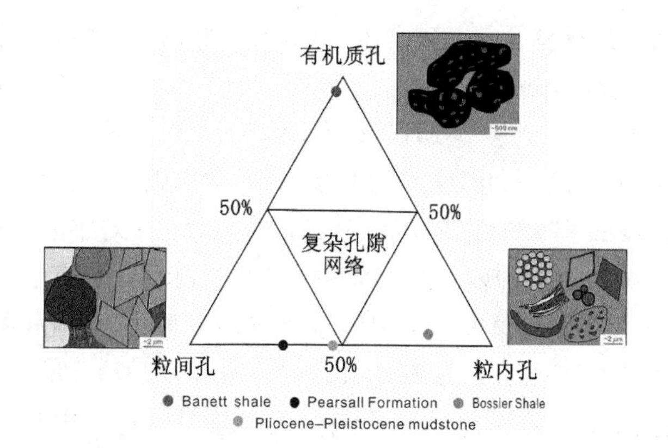

图 1-1 泥岩孔隙分类三角图(据 Loucks 等,2012)

注:Banett,Bossier 和 Pearsall 泥岩地层共统计了 2 000 个点,

Pliocene-Pleistocene 泥岩地层统计了 1 000 点

微孔、矿物质孔、有机质和矿物间孔隙等 3 大类,将裂缝划分为构造缝、成岩缝和有机质演化异常压力缝。于炳松(2013)在充分调研和系统总结国际上有关页岩气储层孔隙分类现状的基础上,将孔隙大小和孔隙产状相结合,对页岩孔隙进行了系统分类,分类结果既包含定性形貌成因描述又包含定量结构参数。

页岩孔隙分类多种多样,但由于不同地区页岩地化特征、矿物成分、沉积背景、构造演化历史都有差别,孔隙发育主要类型区别较大,难以形成统一的国内外学者均认可的分类方案。目前国际上采用最为广泛的分类方案是使用 Loucks 等(2012)建立的三端元分类方案描述孔隙形貌特征,而采用 IUPAC 分类方案描述孔隙大小(Rouquerol 等,1994)。

1.2.2 页岩孔隙结构影响因素与演化特征

(1) 页岩孔隙结构影响因素

页岩中纳米级孔隙结构发育受控于多种因素,从地质角度来看,主要受外因和内因两大因素控制:外因主要包括区域沉积成岩作用、构造改造和有机质熟化生烃作用;内因主要包括岩石组构、地化特征和矿物成分等。其中沉积作用奠定了页岩的组分与结构基础;而成岩作用会改变岩石的矿物成分与内部孔隙结构与构造,并形成许多自生矿物,而使储层的孔隙结构发生改变;构造作用使得原先形成的孔隙发生破坏或重组;熟化生烃作用则使得有机质成分结构发生改变从而形成新的有机质孔。因此,外因与内因对孔隙结构的影响是交织在一起的,外因通过作用于内因,使得孔隙结构发生改变。目前国内外学者主要从内因入手，重点分析包括有机碳含量、有机质成熟度、矿物成分等因素对孔隙结构的影响（Ross and Bustin，2008；Tian 等，2013；杨峰等，2013；Furmann 等，2014；Wang 等，2014；Hu 等，2015；Pan 等，2015）。前人研究表明 TOC 含量是孔隙发育的主控因素之一，且 TOC 含量越高，孔隙越发育，比表面积也越大（侯宇光等，2014；Wang 等，2014；Hu 等，2015；焦堃，2015；刘宇和彭平安，2017）。Chalmers 等（2008）研究发现对于同体积的有机碳，Ⅱ/Ⅲ型或Ⅲ型干酪根比Ⅰ型和Ⅱ型含有更大的微孔体积。同时对于富有机质页岩而言，成熟度对孔隙结构的影响也至关重要（Mastalerz 等，2013；曹涛涛等，2015）。除有机碳以外，研究同时发现黏土矿物对孔隙结构的影响也不容忽视。页岩中黏土矿物以多种类型相互接触、交织、融合在一起，不同的黏土矿物性质不同，因其特殊的结构和物理化学性质在成岩过程中能形成大量形态、类型、尺度各异的微观孔裂隙（Ross and Bustin，2009；吉利明等，2012；王玉满等，2014）。黏土矿物中层状结构之间、颗粒之间以及颗粒内部板片的自然错断处发育大量纳米级孔隙与孔喉（Slatt 和 O′Brien，2011；吉利明等，2014；于炳松，2012）。而对于黏土矿物孔隙发育尺度也有针对性研究，田华等（2012）发现，黏土矿物含量与微孔、中孔的相关性较差，与宏孔的相关性较好，说明黏土矿物控制着页岩储层中宏孔的发育。而 Wang 等（2014）基于湘西北牛蹄塘组页岩研究成果，认为黏土矿物含量特别是其中伊利石含量对介孔有着积极的贡献。部分学者基于多因素叠加影响孔隙展开研究，黄磊等（2015）针对渝东南地区龙马溪组页岩展开研究，结果表明有机碳含量、有机质成熟度、石英含量、伊利石含量、伊蒙混层等对微-纳米孔隙和微裂缝发育有着促进作用，而碳酸盐含量、方解石含量、埋藏深度等则起抑制作用。

综上所述，页岩孔隙结构受多种因素的共同影响，且不同构造区域、不同沉积背景下页岩孔隙主控因素各有不同。同时，孔隙结构表征方法的选取也是影响研究成果的关键要素。因此，应该注意避免使用单一研究手段，排除不同影响因素之间产生的干扰。

（2）页岩孔隙结构演化特征

如 1.2.1 所述，针对页岩孔隙结构的静态表征，国内外学者已经开展了大量研究，在孔隙形貌、成因、类型、大小、空间分布以及连通性方面取得了丰硕成果。相对而言，目前对泥页岩孔隙动态演化的研究相对欠缺，与常规砂岩储集层孔隙演化主要受成岩作用影响不同，页岩孔隙演化主要受到有机质热演化作用和成岩作用双重控制（Jarvie 等，2007；崔景伟等，2013；胡海燕，2013；刘文平等,2017)。其中,有机质热演化作用不但决定着页岩生烃能力,同时生烃过程中产生的大量纳米级有机质孔隙,也是页岩气储集的重要空间(张金川等,2008;邹才能等,2010,2011;Curtis 等,2012;Mastalerz 等,2013;郭秋麟等,2013;董春梅,2015;扈金刚,2016;马中良等,2017)。另一方面,有机质热演化作用除了直接控制有机质孔隙的形成与演化以外,对无机孔隙的形成与演化同样有着不可忽视的影响。因此本书主要针对有机质热演化作用对孔隙形成与动态演化机制的影响展开研究。

目前关于热演化作用对孔隙结构演化影响研究方法主要包括两大类:第一种是直接采集自然序列不同成熟度样品,开展系列孔隙结构表征实验,从而对比研究热演化作用对孔隙演化的影响。不同学者针对不同地质背景页岩得到结论不尽一致,随着自然序列样品镜质体反射率 R_o 的增大,观测发现有机质孔数量和比例或增大或减小,甚至无明显变化(Curtis 等,2011;Fishman 等,2012;Mathia 等,2016)。其中,Curtis 等(2012)利用氩离子抛光技术针对 Woodford 页岩研究发现,镜质体反射率 R_o 低于 0.9%时有机孔不发育,而进入生气窗以后液态烃开始裂解,有机孔大量发育,孔体积开始增加。Fishman 等(2012)利用扫描电镜针对不同成熟度 Kimmeridge 页岩孔隙结构展开研究,发现随镜质体反射率 R_o 值增大,有机质孔隙大小及数量未见明显增大。王飞宇等(2013)研究认为页岩有机质孔隙率并非随有机质成熟度升高而单调增加,页岩有机质孔隙率在生气阶段(R_o 值为 1.3%~2.0%)随有机质成熟度升高而增加,但当镜质体反射率 R_o 值大于 2.0%,总体上呈现降低趋势。陈艳艳等(2015)对美国伊利诺伊盆地的 New Albany 页岩研究发现,随着热成熟度的升高,页岩孔容呈非单调演化趋势,推测与有机质初次和二次裂解密切相关。总体而言,此类方法研究孔隙演化规律的优势明显,该方法基于地质历史时期不同成熟度自然演化序列目的层页岩孔隙演化特征展开研究,结论更加可靠,但忽略了样品非均质性及区域差异,且部分地区难以获得不同成熟度自然演化序列样品。

第二种是物理模拟法,即采用低熟样品,通过高温高压热模拟实验获取不同成熟阶段的页岩,从而对热演化系列样品孔隙形貌与结构参数进行表征,进而反演孔隙演化全过程(Chen and Xiao,2014;Ko 等,2016;吉利明等,2016;扈金刚,2016;潘磊,2016)。但由于受研究目的、所选样品、实验条件的限制,不同学者得出孔隙演化规律存在一定的差异。如胡海燕等(2013)、董春梅等(2015)、田华等(2016)都在实验条件设置时未考虑压力因素,研究表明随温度增加成熟度增加,页岩发育大量纳米级孔隙,模拟获得孔隙率可能比实际地质样品孔隙率更大。相对而言，多数学者在设置实验条件时加入高压液态水，以期达到更贴近在地质条件的模拟环境，在相近的地层流体压力、静岩压力和围压条件下开展热模拟实验。即便如此，由于所用模拟样品不同，实验观测手段不同，得出结论也不尽相同。马中良等(2017)针对西加拿大盆地未熟页岩，研究发现有机孔隙形成与演变具有非均质性，同时成熟度不是控制有机孔形成与发育的决定因素，有机质物理化学结构对有机孔形成演化具有重要作用，同时生油阶段生成有机孔易被热解沥青堵塞。基于鄂尔多斯盆地低熟湖相Ⅰ型富有机质页岩模拟发现，页岩大孔孔容随模拟温度增加呈现先增加后减小，而微孔与介孔孔容呈现先减小后增大的趋势(崔景伟等，2013)，孔隙率呈现先增加后减小演化规律(薛莲花等，2015)，且依据有机质孔发育特点，可划分为250～300 ℃、350～375 ℃、400～500 ℃三个阶段(Sun等，2015)。部分学者同时研究发现，有机质热演化作用对无机孔的演化规律同样起到控制作用，具体表现为有机质热演化作用会导致黏土矿物成分与组构发生明显变化，使得黏土矿物孔演化规律复杂。同时有机质热演化产生的酸性流体使得储层中碳酸盐、长石等不稳定矿物发生溶蚀，产生大量溶蚀孔隙(吴林钢等，2012；Loucks等，2012；崔景伟等，2013；吴松涛等，2015)。

高温高压热模拟实验在一定程度上降低了样品非均质性对实验结构的影响，可对比性强，缺点是物理模拟实验条件设置难以达到页岩地质历史时期真实的演化效果。两种研究方法均存在各自的局限性，在探讨研究区微孔缝动态演化规律时，应结合自然序列样品与物理热模拟样品对比研究，从而更加准确地揭示页岩孔隙结构的演化机理。

1.2.3 页岩孔隙结构对页岩气赋存机理影响

与常规油气储层相比，页岩储层丰富发育10 nm以下的纳米级微孔缝，而甲烷气体在纳米级微孔缝中具有复杂的赋存状态与传输机制，是建立页岩气富集成藏机理的理论瓶颈。因而系统研究页岩气储层纳米级微孔缝结构对页岩气赋存、运移等成藏过程的控制机理，可为页岩气资源潜力评价和成藏机理建立乃至非常规油气高效开发提供重要的理论依据(Jarvie等，2007；Javadpour，2009；韩双彪等，2013；汪吉林等，2013；Guo等，2015；Gao等，2016；邹才能等，2015；Yang等，2016)。

页岩气的赋存状态是页岩气成藏核心问题之一，页岩气的赋存状态多变，但整体上以吸附态与游离态为主，溶解态所占比例很低，一般小于0.1%(Curtis,2002;Montgomery 等,2005;张雪芬等,2010;Ambrose 等,2012;Hao 等,2013)。针对不同成因类型的微孔缝中气体的赋存状态研究认为,游离气主要游离于无机质粒间大孔隙与微裂缝中;吸附气主要赋存于有机质孔、黏土矿物粒间/孔粒内孔中;溶解态气体则主要存在于团块有机质干酪根和沥青质中(张雪芬等,2010;杨侃,2011;Chen 等, 2016;康毅力等,2017)。针对不同发育尺度孔隙中页岩气的赋存状态研究表明,页岩吸附甲烷能力与微孔和介孔关系密切,实验显示甲烷吸附能力与微孔发育程度呈现良好的正相关关系;与孔径较大的介孔和宏孔相比,微孔比表面提供大量吸附点位,且微孔孔径小而具较高的吸附能,其表面与吸附质分子间的相互作用更加强烈,因此微孔对甲烷气体吸附起到至关重要的作用(Chalmers 等,2009;Ross and Bustin,2009;侯宇光等,2014;姜振学等,2016;Liu 等,2016;Wang 等,2016)。而在大孔和介孔中主要发生气体的层流渗透和毛细管凝聚,有利于游离态页岩气的储存(Krishna,2009;龙鹏宇等,2011;刘宇等,2015)。值得注意的是,目前吸附态页岩气含气量计算主要借鉴煤层气研究方法,利用室内甲烷等温吸附实验,基于 Langmuir 吸附模型拟合测试结果计算获得。但由于页岩地层条件下埋藏较深,温度、压力普遍更高,页岩气吸附属于超临界吸附,吸附等温线表现出独有特性如“倒吸附”现象,吸附表征模型无法再完全照搬煤层气研究方法(周理等,2004;盛茂等,2014;刘圣鑫等,2015;周尚文等,2016;潘磊,2016)。因此,急需开展页岩在高温高压原位地层条件下的吸附研究,立足超临界吸附机理,引入合适的等温吸附曲线表征模型,精确计算甲烷吸附含气量。

近年来,计算机分子模拟技术作为一种理论研究方法被广泛应用于研究不同尺度孔隙中甲烷赋存机理(Mosher 等,2013;Liu 等,2016;隋宏光和姚军,2016;Chen 等,2017;张廷山等,2017)。Mosher 等(2013)基于巨正蒙特卡洛法模拟了不同孔径孔隙甲烷吸附密度与过剩吸附量,研究发现在相同的温度压力条件下,小尺度孔隙里甲烷吸附密度更大,且孔径分布对甲烷过剩吸附量具有重要影响。熊健等(2016)基于构建的蒙脱石夹缝孔吸附模拟发现,甲烷分子在蒙脱石孔隙中吸附气量比例随孔径增大而呈下降趋势,当孔径大于 6 nm 时,孔隙中主要以游离气为主。

1.2.4 存在问题

通过大量阅读国内外文献,充分调研前人的研究工作,可知前人在页岩微孔缝结构表征方面取得了很多成果,对于页岩气资源评价、勘探开发有着重要的促进意义。但考虑到页岩微孔缝结构类型多样，发育尺度跨度大，非均质性极强，实现孔隙系统全面定量表征难度较大。同时由于页岩微孔缝演化与赋存机理密切相关，相关研究工作开展较少，存在不少问题，需要开展创新性探索。

(1) 页岩微孔缝结构表征与主控因素研究不够全面系统

由于页岩储层孔隙结构的复杂性与非均质性，且主体孔径为纳米级，传统油气储层孔隙常规表征方法很难适用，而针对页岩储层孔隙结构表征方法多种多样，各个测试方法原理不一，适用范围各有不同，使得测试结果存在差异，且单一测试手段很难全面表征孔隙结构，这给孔隙表征带来很大困扰。目前尚未建立一整套完整的页岩孔隙结构表征流程。因此，从不同测试技术本身优缺点入手，综合多种测试技术，达到页岩孔隙形貌成因与孔径分布、定性描述与定量计算的有机结合，实现对研究区富有机质页岩孔隙结构的系统表征显得极为迫切。其次，页岩孔隙类型多样、成因复杂，不仅受控于有机地化与矿物组成，还与页岩沉积背景与构造演化密切相关，如何从众多影响因素中筛选出研究区页岩孔隙发育的主控因素值得深入研究。

(2) 页岩储层微孔缝结构动态演化规律研究欠缺

上扬子区龙马溪组页岩镜质体反射率 R_o 在 2.5% 以上，相比美国实现商业开发页岩气页岩成熟度介于 1.2%～2.5% 而言，研究区成熟度普遍偏高，因此不能简单照搬美国页岩气储层与资源评价方法。页岩从未成熟阶段到过成熟阶段对应孔隙演化规律值得探索，但就此问题，尚未开展充足研究，影响适合我国海相页岩成藏理论的建立和发展。因此，从热演化作用角度入手，研究微孔缝结构动态演化规律，以及对页岩气赋存机理的影响，显得极为迫切。

(3) 页岩微孔缝结构中超临界甲烷吸附机理认识不清

页岩气以吸附或游离状态为主要存在方式得到了很大程度的认可，而页岩纳米级微孔缝中存储的气体可能具有复杂的热力学状态，同时原位地质埋藏条件下，页岩气吸附属于超临近吸附，有着其独有的特征。目前经典的亚临界吸附理论以及吸附模型并不能准确描述超临界条件下页岩气在纳米级孔隙中的吸附行为，无法很好地拟合吸附等温线，且不能解释过剩吸附等温线的极大值情况，更不能用来指导生产实践。因此，系统研究阐述纳米级微孔缝结构中超临界甲烷吸附机理，以及建立合适吸附表征模型是当前急需解决的重要课题。

(4) 纳米级孔隙结构对页岩气赋存机理影响研究匮乏

目前，针对页岩储层纳米级微孔缝结构对页岩气赋存状态以及动态转化的研究，目前一般采用室内甲烷等温吸附测试以及结合孔隙结构参数进行分析。

但该方法只能在宏观尺度进行分析，且受实验条件以及多因素叠加影响，存在一定的局限性，且难以阐明甲烷微观赋存机理。页岩中纳米级孔隙占主导地位以及纳米级孔隙结构赋气的复杂性，成为建立页岩气微观赋存机理的瓶颈。

1.3 研究内容与研究思路

1.3.1 研究内容

基于对国内外页岩微孔缝结构研究现状调研，针对其中存在的关键问题，全书主要从以下几个方面展开系统研究。

（1）页岩储层有机地化与矿物学特征分析

有机质与矿物是构成页岩基质的主体，也是页岩微孔缝结构的形成与演化研究的物质基础。本次研究采集渝东北 WX2 井深部钻孔样品，以及上扬子川南地区、渝东南地区、黔北地区、滇东北地区龙马溪组野外剖面新鲜样品，对所选样品进行薄片鉴定，开展有机质丰度、有机质类型、成熟度等地化分析测试，同时对页岩造岩矿物特别是脆性矿物、黏土矿物定量测试，从而获得一整套系统的页岩地化与矿物学参数，为后续微孔结构研究提供实验基础与数据储备。

（2）页岩微孔缝结构特征精细表征及主控因素分析

在储层地化与矿物学特征研究的基础上，借助高分辨率电子显微镜，特别是利用氩离子抛光与场发射扫描电镜联用技术，对页岩孔隙形貌、类型、大小、结构和连通性等进行直观精细描述。在此基础上，结合高压压汞、低温液氮吸附和二氧化碳吸附等实验联合定量表征孔隙结构参数（孔体积、孔比表面积、孔径分布等）。最后，基于页岩地化矿物特征、孔隙形貌与孔隙结构三个要素，探讨不同类型纳米孔隙的成因，并阐明不同类型孔隙发育的主控因素。

（3）页岩微孔缝结构动态演化研究

选择河北张家口下花园区下马岭组低成熟度页岩（注：南方龙马溪组页岩成熟度普遍达到高成熟-过成熟阶段，难以找到低熟样品用于模拟），利用高压釜密闭体系模拟实验仪，在仿真地层压力条件下，控制不同模拟温度与时间，从而获得一系列不同成熟度页岩样品，进而对模拟样品孔隙结构开展系统表征实验（场发射扫描电镜、高压压汞、低温液氮吸附、二氧化碳吸附），通过微孔缝形貌定性演化规律以及微孔缝结构定量演化规律，反演页岩微孔缝结构动态演化过程，并进一步结合研究区龙马溪组样品孔隙结构参数与沉积构造背景，建立龙马溪组孔隙结构动态演化模式。

(4) 页岩微孔缝中超临界甲烷吸附特征研究

开展原位地层温压条件下页岩甲烷吸附实验，获取超临界条件下甲烷等温吸附数据，描述等温吸附曲线类型，对比分析超临界与亚临界条件下甲烷吸附特征，阐明过剩吸附量与绝对吸附量的差异。进而通过引入过剩吸附量校正项，以吸附相密度为桥梁，通过对传统吸附模型参数修正，提出改进的适用于超临界条件下吸附曲线表征模型。使用甲烷超临界吸附表征模型计算获得页岩绝对吸附量，结合页岩地化特征、矿物组成、孔隙结构等参数，综合分析页岩吸附含气量主控因素，阐明页岩中不同尺度微孔缝对吸附含气量的控制作用。

(5) 纳米级微孔缝结构对气体赋存运移控制机理

页岩中不同类型纳米级微孔缝异常发育，而以纳米级微孔缝占主导地位的页岩储层致使甲烷赋存状态极为复杂，成为构建页岩气赋存机理的理论瓶颈。基于前期页岩储层微孔缝结构物理表征结果，结合量子力学与分子动力学理论，通过构建页岩孔隙模型，利用巨正则蒙特卡洛法(grand canonical Monte Carlo method)进行不同尺度孔隙吸附模拟，研究不同尺度孔隙中页岩气赋存状态，定量表征不同尺度孔隙对吸附态和游离态页岩气的贡献，深入揭示页岩气在纳米级微孔缝中的赋存机理。

1.3.2 研究思路与流程

研究以沉积学、有机岩石学、有机地球化学、矿物岩石学、石油(天然气)地质学、储层地质学、岩石物理学、热动力学、分子动力学、量子力学、岩石力学和流体力学等多学科及其交叉前沿理论为基础，以上扬子区龙马溪组黑色页岩为研究对象，以野外调查—实验测试—数值模拟—理论分析为研究思路，以区域宏观分析结合典型页岩气系统微观解剖相结合的方式，利用采集的钻孔岩芯样品和新鲜野外露头剖面样品，通过场发射-扫描电镜技术，系统描述页岩微孔缝结构形貌-成因特征；同时借助高压压汞、低温液氮吸附、二氧化碳吸附等微孔缝结构定量表征手段，实现对页岩微孔缝结构多角度、多精度、全尺度定量静态表征；结合页岩地化、有机地化、矿物学参数，综合研究页岩微孔缝结构发育主控因素；另一方面，由于研究区目的层页岩经历深埋生烃、强成岩作用、构造改造作用，页岩孔隙结构的动态演化机理极为复杂。本次研究借助高温高压热模拟实验，以未成熟-低熟富有机质页岩为模拟样品，在仿真原位地层条件下，揭示微孔缝结构随不同温压条件的动态演化规律，阐明不同温压耦合条件下的微孔缝结构演化模式；最后，基于甲烷高压等温吸附实验，结合巨正则蒙特卡洛法模拟，阐明纳米级微孔缝结构对页岩气赋存机理的控制作用，为丰富页岩气成藏富集基础理论提供重要依据。

研究技术路线图如图 1-2 所示。

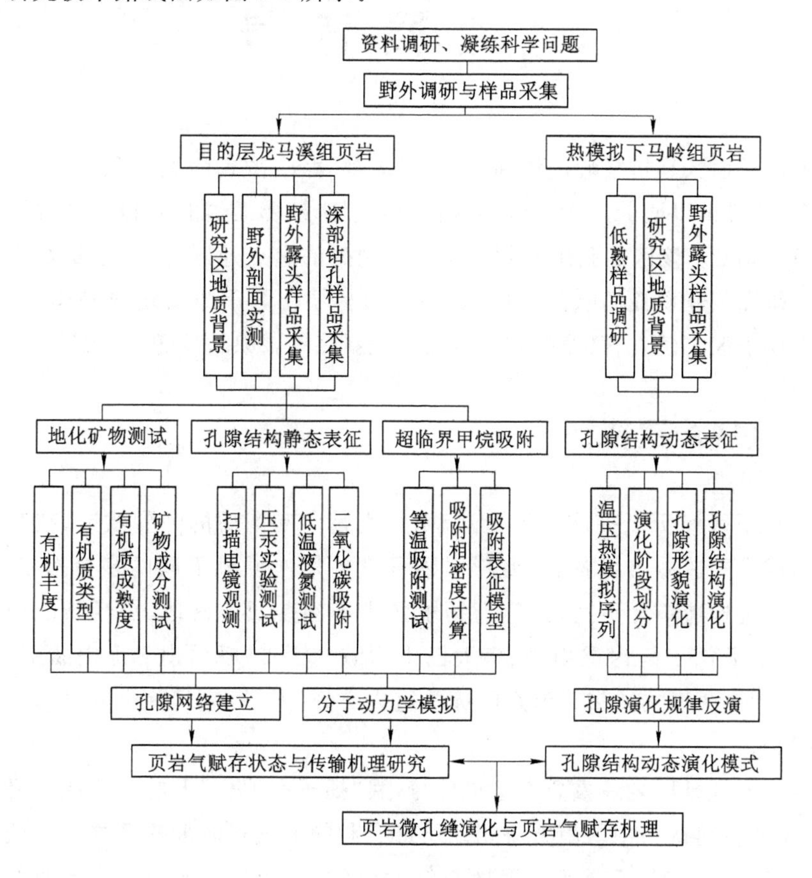

图 1-2 研究技术路线图

2 地质背景

上扬子地区是指秦岭南缘断裂以南、垭都-紫云-罗甸断裂以北、龙门山断裂系以东、雪峰山以西的广大地区,包括四川盆地、滇黔北、湘鄂西地区等,面积约 3.5×10^5 km^2。该区是我国海相地层油气勘探的重点地区之一,也是目前我国页岩气研究与开发最活跃的地区,其主要目标层位为下志留统龙马溪组,该层位在上扬子区广泛发育(龙鹏宇等,2011;汪新伟等,2011;罗超,2014)。

2.1 区域构造特征

上扬子区经历了多旋回构造运动,特别是印支期后的强烈改造,在其周缘地区形成了构造展布线各异、变形强烈程度与期次明显不同的多个褶皱-冲断带。从大地构造单元角度而言,上扬子区主体涵盖四川盆地、雪峰陆内构造变形系统、后龙门山陆内造山带、南大巴山褶皱冲断带、峨眉山—凉山断褶带、米仓山隆起带、康滇构造带和滇东隆起等组成部分(图 2-1)(何治亮等,2011;胡召齐,2011)。

四川盆地是区内最重要的组成部分,属"扬子准地台"上的一个次一级构造单元,也是目前认为中国南方海相地层最有利的油气资源勘探区之一。区域空间上,呈现为北东向菱形四边形展布的盆地(刘建华等,2005)。盆地西部为龙门山褶皱带,东部为大娄山,南部为大相岭-娄山褶皱带,北部为米苍山隆起-大巴山褶皱带,总面积达到 18×10^4 km^2 左右。四川盆地是由褶皱和断裂围限起来的一个巨大构造盆地,为多种构造动力成因的多期原型盆地复合体,具典型多旋回、多层次结构、多期构造动力和构造变动等特点;具有早期沉降,沉降持续时间长,晚期隆升,隆升持续时间较短等特点(沃玉进等,2006)。上扬子准地台内深大断裂控制着整个四川盆地边界与形成,同时直接决定了盆地内褶皱的分布特征,盆地整体呈菱形展布,NE 向延伸稍长,NW 向延展较短;四川盆地 NE 向深断裂表现出较明显的压剪性特征,NW 向深断裂受到 NE 向深断裂的

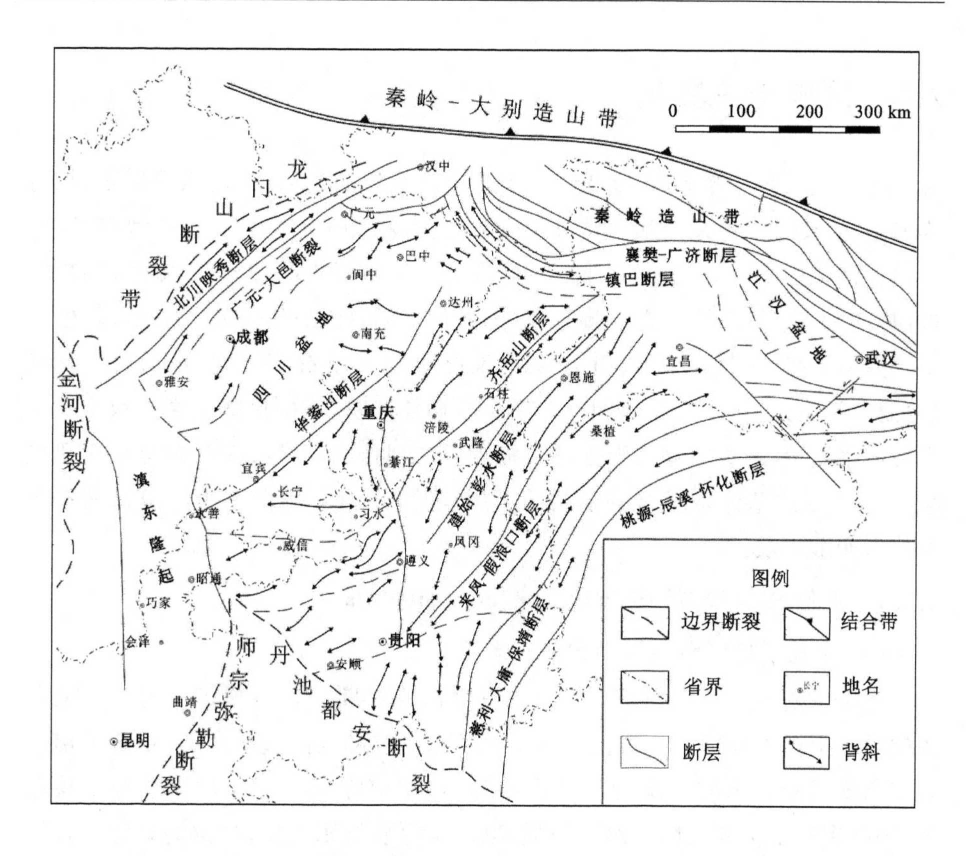

图 2-1 上扬子地区及其周缘大地构造纲要图(据何治亮等,2011,修改)

断错和改造,使得盆地西北部和东南部构造边缘形状较为齐整,而东北与西南边缘形状呈凹凸不平的锯齿状。

米仓山造山带整体呈近东西向展布,自北向南可分为冲断构造带和前陆盆地区。受雷口坡组至嘉陵江组上部膏盐岩区域滑脱层的影响,滑脱层之上的陆相地层构造变形相对较弱,构成了米仓山前缘单斜带。地层大多表现为向南倾伏的单斜构造,地层产状总体上向盆地内逐步变缓并趋于水平。

南大巴山褶皱冲断带是指城口-房县深断裂以南的推覆构造带,主体位于上扬子北缘四川盆地与秦岭造山带的过渡带上,西连米仓山,东邻川东高陡褶皱带,整体凸向南西的弧形构造带,大致经历了太古代—元古代基底形成、震旦纪—三叠纪被动大陆边缘演化、中新生代陆内造山—前陆盆地构造演化三个阶段。

2.2 区域构造演化

扬子板块现今构造格局是多期构造运动叠加的结果，区内构造复杂、构造样式多样，按其构造发育演化特征可划分为伸展-收缩-转化的3个巨型旋回和5个沉积演化阶段。3个巨型旋回是：早古生代原特提斯扩张-消亡旋回（加里东旋回）；晚古生代-三叠纪古特提斯扩张-消亡旋回（海西-印支旋回）；中、新生代新特提斯扩张-消亡旋回（燕山-喜马拉雅旋回）。5个沉积演化阶段是：震旦纪（可能包括新元古代）至早奥陶世加里东早期伸展阶段；中奥陶世至志留纪加里东晚期收缩阶段；晚古生代至三叠纪海西-印支期伸展阶段；侏罗纪至早白垩世燕山早-中期的总体挤压背景下的伸展裂陷阶段；晚白垩世至新近纪喜马拉雅期挤压变形阶段。

2.2.1 震旦纪-加里东构造沉积演化(800～400 Ma)

（1）上扬子地区海相被动大陆边缘发育阶段（Z_2—O_1）

由于受商丹洋扩张影响，中-晚震旦世沿商丹断裂发育成裂谷盆地。受其影响，中、上扬子地区北缘形成水体由浅至深的被动大陆边缘环境，西缘受前古特提斯洋活动影响形成被动大陆边缘环境，东南缘以古华南洋与湘桂地块相隔，同样表现出被动大陆边缘的性质，以深水泥质沉积为主；中部为稳定的扬子克拉通盆地，以碳酸盐岩台地为主。至中寒武世，地壳趋于稳定，中部克拉通盆地继承性演化，台地边缘发育高能重力流、滑塌沉积，大陆边缘演化为斜坡-半深海-深海盆地。

（2）上扬子地区前陆盆地演化阶段（O_2—S）

中奥陶世以来，包括四川在内的中、上扬子地区处于前陆盆地演化阶段，扬子板块与华夏板块作用强烈，导致早期台地相碳酸盐岩被盆地相黑色页岩、碳质硅质页岩、硅质岩（上奥陶统五峰组）和黑、灰黑色砂质页岩、页岩（下志留统龙马溪组）所覆盖，反映了台地的最大沉降事件与台地的被动压陷和海平面相对上升相关。

在此阶段主要经历了3次挤压——挠曲沉降-松弛-抬升过程（尹福光等，2002），一是中奥陶世湄潭期-晚奥陶世临湘期，二是晚奥陶世五峰期至早志留世龙马溪期，三是早志留世石牛栏期至中志留世（图2-2）。

晚志留世末期的加里东运动（广西运动），是一次规模巨大的地壳运动，造成了华南盆地的消亡及“南华型”褶皱造山带的最终形成，形成了江南隆起、黔中隆起、乐山-龙女寺隆起，而中上扬子地区寒武-志留系地层经历了初次埋藏。全区寒武系分布较广、发育完整，平均沉积厚度在 1 400 m 左右，总体上由南向北呈减薄趋势；全区志留系平均沉积厚度约 940 m，沉积中心位于鄂西渝东—湘西北分区，最厚可达 2 690 m。受加里东运动的影响，上志留统被剥蚀殆尽，中志留统也遭受一定的剥蚀，其中黔中地区志留系完全缺失，全区最大剥蚀厚度可达 460 m 左右。志留系也受到不同程度的剥蚀，加之沉积时的差异，导致区域上残留厚度的不一致。中上扬子主体受地壳升降运动的影响，持续保持隆升状态，直至早二叠世海侵。

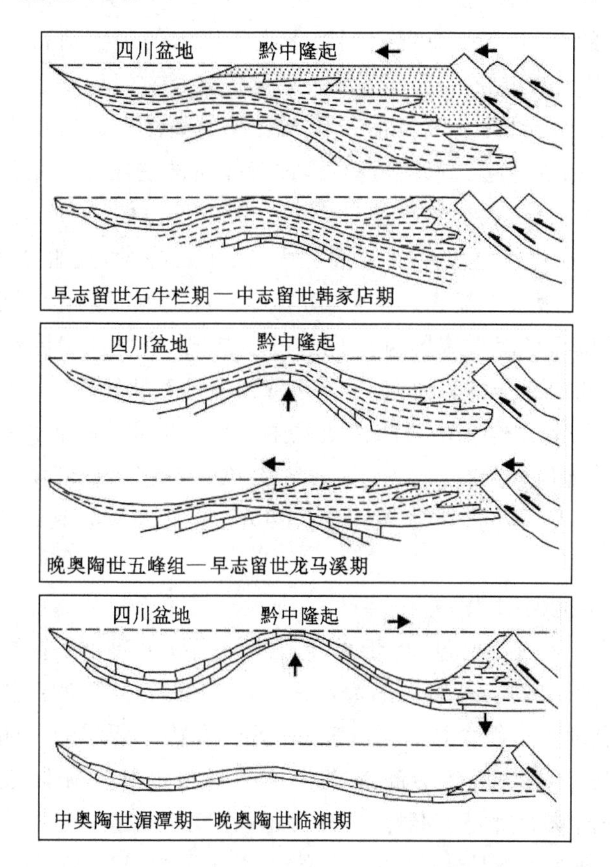

图 2-2　上扬子前陆盆地演化示意图（据尹福光等，2002；修改）

2.2.2 海西-印支期沉积演化(400～205 Ma)

(1) 上扬子地区克拉通-裂谷盆地-边缘海盆地阶段(D_2-T_2)

古特提斯洋在泥盆纪表现为洋壳的扩张,海水从南北两侧再次侵入,中上扬子地区从中泥盆纪开始再次接受沉积,进入新的海相盆地演化旋回。古特提斯洋的勉略分支分开了华北与华南板块,并于早-中泥盆世扩张形成裂谷,使中上扬子地区北缘演化为大陆边缘环境;南侧钦防海槽早泥盆世水体较浅,后逐渐向北扩张,水体加深,沉积环境也由早期的滨海碎屑沉积演化为碳酸盐岩台地沉积。石炭纪海侵范围扩大,并于晚石炭世趋于稳定,末期的黔桂运动使北区整体上升形成不整合面,而南区保持连续沉积。早二叠世随着再次陆内扩张和全球海平面的上升,本区海侵达到晚古生代以来的最大值,以浅海碳酸盐岩沉积为主,北部大陆边缘主要为陆棚—盆地相硅泥质岩沉积;早二叠世末受东吴运动影响,本区内出现区域性抬升和大规模中基性玄武岩喷发,而导致云开古陆、川滇古陆相继隆起。东吴运动后,古特提斯洋主洋盆开始强烈收缩,沉积一套海陆交互相含煤地层,晚二叠世发生一次广泛海侵,主体上为开阔台地相碳酸盐岩沉积,早-中三叠世台盆继续扩大,至中三叠世,随着华南板块向北侧华北板块俯冲,两板块逐渐靠近拼合,南秦岭海日趋萎缩。与此同时,华南板块南侧的南海陆块与华南板块的碰撞也进一步加剧,致使江南隆起急剧抬升,导致碳酸盐岩台地向西迁移和萎缩,进入边缘海盆地演化阶段。

印支期中国南方构造格局和性质发生了巨大变化,最为主要的是华北、秦岭大别、华南等地区全部拼接在一起,基本结束了海相沉积环境,总体上造成南方由海至陆的转变,同时,全区被剥蚀厚度不一,其中黔东南地区剥蚀厚度最大,达 1 150 m。

(2) 陆陆碰撞期(T_3)

中上扬子地区晚三叠世,由于雪峰古陆的持续隆起呈东高西低格局,物源碎屑丰富并向北西方向逐渐超覆,海水进一步萎缩,为重要的成煤期,上扬子西缘-北缘发育有须家河组含煤岩系。三叠纪末,古特提斯洋的关闭使得扬子、华北、秦岭-大别三个板块大致沿商南-丹阳断裂带和勉阳-略阳断裂带作“两线三块”的碰撞拼合,从而封闭了秦岭、右江海槽,形成印支造山链。受其影响,中上扬子地区则表现为整体隆升并导致局部地区缺失中-上三叠统沉积,海水基本退出,进入陆相盆地演化阶段。

2.2.3 燕山期(205～65 Ma)

印支运动后,早侏罗世,随着龙门山的逆冲推覆减弱,米仓山-大巴山逆冲推覆活跃，使得沉降和沉积中心由龙门山前缘向米仓山-大巴山前缘迁移，形成大型陆相湖盆，沉积环境以滨浅湖-半深湖为主，呈环带状展布；中侏罗世早期湖盆基底短暂上升，随后再次下沉，以河流、泛滥平原沉积为主，沉降中心与物源多变。受太平洋板块俯冲和印度板块向北挤压作用，燕山运动使得本区盖层强烈褶皱断裂并引发大规模岩浆活动，形成了白垩纪与古近纪普遍的不整合，同时也是一次主要的生烃热作用，促进有机质的进一步演化。通过燕山运动，中国的地貌格局已基本奠定。

燕山期南方构造演化及构造格局主要受太平洋板块俯冲影响所控制，该时期主要表现为强烈的挤压冲断及大规模左旋走滑，其中燕山早期为影响中上扬子地区油气保存的最重要构造事件，它决定了中上扬子区隆升与沉降以及海相油气保存的区域性差异，从而决定了不同构造带油气勘探前景的优劣。

2.2.4 喜马拉雅期(65 Ma—)

中上扬子地区古近纪基本继承了白垩纪的沉积-构造格局并发展演化，晚始新世本区整体隆升遭受剥蚀，为喜马拉雅运动第一幕的表现；第二、三幕青藏高原继续隆升，雪线下降，发生冰川作用，在研究区内表现为强烈的隆升、剥蚀与相对较弱的褶皱、断裂。

2.3 区域地层特征

研究区地层出露较为齐全，在晚震旦世、早寒武世、奥陶纪—早志留世、二叠纪—早中三叠世、晚三叠世—侏罗纪、白垩纪—新近纪等时期，除晚三叠世、中新生代以来为前陆相沉积外，之前主要为海相沉积。

(1) 震旦系(Z)

震旦系在研究区多处出露。一般由陡山沱组和灯影组组成，厚度变化较大，具有北西厚、南东薄特点。陡山沱组底部为一套白云岩，顶部主要以砂质泥岩为主。相对而言，灯影组岩性较为单一，主要以白云岩夹硅质岩为主，沉积厚度中心在川东南宜宾、泸州附近，一般超过千米。

(2) 寒武系(Є)

寒武系与下伏灯影组一般呈平行不整合接触，研究区寒武系地层广泛发育，主要包括下统牛蹄塘组、明心寺组、金顶山组和清虚洞组，中统高台组以及上统娄山关群。各组不同区域厚度跨度很大。其中下寒武统牛蹄塘组主要发育一套灰黑色碳质页岩、粉砂质页岩和泥质页岩，局部区域厚度超过200 m。

(3) 奥陶系(O)

奥陶系在研究区广泛发育且有多地出露，与下伏娄山关群一般呈整合接触。主要包括下统桐梓组、红花园组和湄潭组，其中湄潭组厚度跨度大，一般达100～400 m，岩性以灰色页岩、粉砂质页岩为主。中奥陶统主要包括十字铺组和宝塔组，其中宝塔组以一套含生物碎屑马蹄纹灰岩为显著特点，厚度20～60 m。上奥陶统包含涧草沟组和五峰组，厚度较薄，其中五峰组下段含碳质页岩，有机质含量高。

(4) 志留系(S)

研究区志留系主要发育中下统地层，与下伏五峰组多为整合接触，志留系顶部因剥蚀作用与上覆层系呈假整合接触。志留系发育地层包含龙马溪组、石牛栏组和韩家店组地层。其中，龙马溪组主要发育一套暗色碳质页岩、砂质页岩、粉砂岩，含丰富笔石化石，厚度为100～400 m，属于广海陆棚相，是重要的烃源岩层系。韩家店厚度为200～600 m，为一套灰色白云岩。

(5) 泥盆系(D)～石炭系(C)

上扬子区泥盆系与石炭系大多被剥蚀，仅在少部分地区零星分布，泥盆系岩性主要为碎屑岩、生物灰岩，石炭系主要以角砾状白云岩夹生物碎屑灰岩为主。

(7) 二叠系(P)

研究区二叠系地层广泛发育，与下伏地层一般呈平行不整合接触。下统梁山组分布局限，厚度较薄，为一套黏土岩、灰黑色碳质页岩夹煤线，常见黄铁矿。中统栖霞组与茅口组主要以厚层状生物灰岩为主。上统发育龙潭组与长兴组，其中龙潭组为一套黑色碳质、粉砂质泥岩夹薄煤层。

(8) 三叠系(T)

研究区三叠系地层广泛发育，与下伏地层一般呈整合接触，三叠系下统主要以薄-中层灰岩、白云岩为主，底部为紫红色泥页岩、灰绿色泥灰岩、鲕粒灰岩互层。中三叠统以灰岩、白云岩夹页岩为主，上三叠统以陆相沉积为主，以灰黑色页岩与砾状砂岩为主，夹薄煤层。

(9) 侏罗系(J)

研究区侏罗系地层广泛发育，层序完整，与下伏地层呈整合接触，厚度为1 000～4 200 m。底部为灰色泥岩夹紫灰色石英砂岩，含双壳类、介形类、叶肢介、植物及脊椎动物化石；中部由砖红色、棕红色泥岩夹灰绿、紫红色砂岩组成，含叶肢介、介形类化石；顶部为黄灰色砂岩与棕红色泥岩互层，含介形类、叶肢介等化石。

(10) 白垩系(K)

研究区白垩系与下伏上侏罗统假整合接触，为陆相红色地层，分上、下两统，主要为碎屑岩及泥质岩，局部夹碳酸盐岩，厚度为0～1 200 m。自底至顶岩性主要为砖红色厚层至块状不等粒长石石英砂岩和砖红色薄层至中厚层状泥质岩屑长石砂岩与砖红-紫红色泥岩互层，含介形类、叶肢介、轮藻等。

(11) 古近系(E)和新近系(N)

与下伏地层整合接触，厚度为0～1 350 m；古近系主要发育棕红、棕褐色泥岩夹橙红色泥质粉砂岩、砾岩；新近系以灰色砾岩夹红黄色、灰色岩屑砂岩、黏土等为主，黏土层中赋存大量炭化树干及植物碎片；产鱼、腹足类、介形类和轮藻化石含有孢粉化石。

(12) 第四系(Q)

研究区广泛发育，岩性主要为松散砾石层、砂层、粉砂质黏土层、黏土层，不同区域厚度跨度较大，为0～350 m。

总体而言，上扬子区在漫长的地质沉积演化过程中，形成了包括下寒武统筇竹寺(牛蹄塘)组、下志留统龙马溪组、上二叠统龙潭/吴家坪组等三套富有机质泥页岩、煤系碳质页岩层位，其中筇竹寺组与龙马溪组是目前页岩气勘探开发重点目标层系(邹才能等，2010；董大忠等，2012)。

2.4 目的层页岩发育特征

本次研究目的层为下志留统龙马溪组暗色页岩，该套页岩受控于海湾深水陆棚沉积相体系，主要受全球性海平面下降和海域萎缩的影响，形成于闭塞滞留海盆还原环境，为一套浅水-深水陆棚相沉积(刘若冰等，2006)。值得注意的是，龙马溪组下伏地层为上奥陶统五峰组，同样受控于浅水-深水陆棚相沉积，岩性主要以碳质页岩为主，含笔石化石，厚度较薄，但全区分布稳定，与上覆龙马溪组页岩整合接触，页岩储层地质评价过程中，可将上奥陶统五峰组和下志留统龙马溪组黑色页岩作为一个整体组系进行研究。现就本次研究目的层五峰-龙马溪组地层发育详述如下。

(1) 五峰组黑色页岩段

该段黑色页岩以钙质和碳质含量较高为特征，有机碳含量一般大于2%，同时在研究区发育丰富的笔石化石，并伴随一套薄层斑脱岩。该黑色页岩层段各类水平层理相对发育，反映了一种水动力条件相对较弱，水体相对平静的沉积环境。黑色页岩段内存在大量硅质海绵骨针和放射虫化石，浮游型笔石化石数量也较多(陈旭等，1986；黄志诚和黄钟瑾，1991)，而底栖生物化石较少，存在数量较多的浮游型生物，指示研究区五峰组沉积环境以深水相为主。

(2) 五峰组观音桥段

该段地层在研究区发育较好，岩性以生物灰岩为主，在部分地区渐变为黑色泥岩。地层厚度一般为 0.3 m，桐梓红花园地区地层厚度较大，可达 6.0 m 以上，有机碳含量大体上低于 2.0%。生物化石方面，该段地层腕足类生物化石大量存在，聚集式分布无窗贝类、正形贝类等化石(汪啸风等，1986；汪啸风和柴之芳，1989)。另一方面，该段底层发育生物潜穴及扰动构造，表明沉积水体为富氧，为浅水陆棚相。

(3) 龙马溪组下段黑色页岩段

龙马溪组下段以黑色碳质页岩、泥质页岩为主，地层厚度在 50 m 左右，页岩总有机碳含量较高，基本超过 2.0%。该层段页岩常见平行层理及波状层理等纹层构造。生物化石研究表明，该段地层放射虫及硅质海绵骨针较为常见，也存在一定量的浮游型笔石，但底栖生物十分罕见，并伴随发育较多黄铁矿结核，这些表明沉积水体为一种滞留还原的深水陆棚相沉积环境。

(4) 龙马溪组上段深灰色页岩、灰绿粉砂岩段

该龙马溪组上段主要为深灰色钙质页岩和灰绿粉砂岩，局部存在粉砂质透镜体，龙马溪组上段有机碳含量明显较低，普遍低于 1.0%。该段砂岩钙质纹层发育，存在侵蚀构造。生物化石构成与上述地层相似，笔石含量丰富，三叶虫、腕足类、珊瑚等化石也稀疏可见，这些特征综合反映了一种浅水沉积环境。

2.4.1 龙马溪组空间展布特征

从沉积环境特征而言，龙马溪组下段为深水陆棚相沉积，表现为缺氧还原环境，岩性以黑色碳质页岩为主，富含笔石化石，页岩纹层发育，偶见黄铁矿沿层面分布；龙马溪上段为浅水陆棚相沉积，还原环境逐渐减弱，目的层岩性以灰绿泥质页岩、钙质页岩、泥质粉砂岩为主，层段往上钙质含量明显增加，野外见球状风化，笔石丰度明显减少。以研究区不同区域沉积微相分析为基础，根据室内有机地化测试，手标本岩性识别，结合区域地质、野外实测、钻孔控制和统计前人实测结果，绘制上扬子区下志留统龙马溪组暗色页岩(TOC>2%)厚度

平面分布等值线图(图 2-3),为后期页岩气甜点区筛选提供依据。总体而言,龙马溪组暗色页岩厚度较大,区域内分布相对稳定,总体呈北东-南西展布,在川南宜宾和渝东石柱附近区域形成 2 个高值区,其中,川南附近黑色页岩厚度普遍在 100 m 以上,为页岩气成藏提供了丰富物质基础。

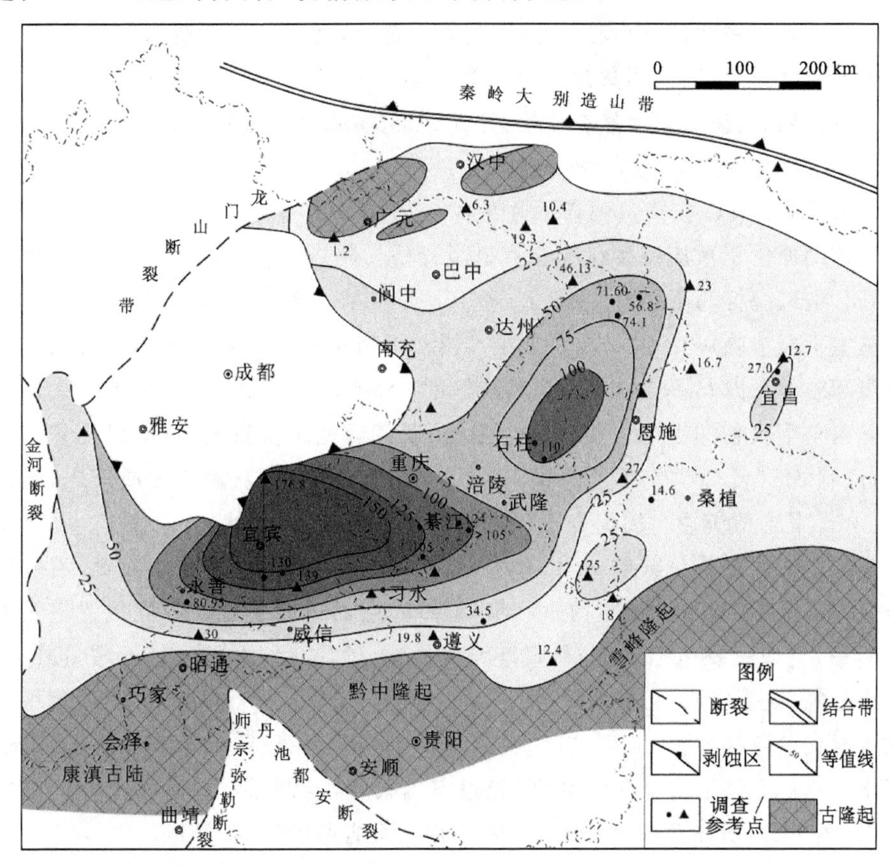

图 2-3 研究区龙马溪组黑色页岩厚度等厚线图

2.4.2 研究区野外典型地质剖面(井)实测

(1) 渝东 WX2 井

为了探索构造复杂背景条件下页岩气勘探开发潜力,完善上扬子区海相地层龙马溪组页岩气富集成藏机理,中石油廊坊分院选择在四川盆地边缘的渝东北部署了一口页岩气资料井——WX2 井。通过岩性编录,钻井钻遇地层有上二叠统长兴组、吴家坪组,下二叠统茅口组、栖霞组、铜矿溪组,中志留统徐家坝组，下志留统龙马溪组，上奥陶统五峰组、临湘组等。

在区域构造上研究区位于南大巴山冲断褶皱带前缘，发育下古生界和二叠系-三叠系中等强度褶皱。地表可见平行走向的逆断层，钻孔具体位于重庆市东北部巫溪县文峰镇与尖山镇之间，铁溪—巫溪隐伏断裂带以北，具体构造位置位于田坝背斜北翼，地表出露地层为上二叠统，背斜核部构造相对较平缓，地层未见明显断层发育，周边地下隐伏断层较发育，构造复杂。通过钻孔岩性编录，目的层龙马溪组多项静态参数测试（TOC、实测含气量），发现富有机质页岩（TOC＞2％）连续厚度大于 80 m（图 2-4）。

(2) 重庆綦江安稳镇观音桥村剖面

该剖面位于重庆市綦江区安稳镇观音桥村附近，渝黔高速与 G210 国道交叉处。地理坐标为 N：28°37′46.1″，E：106°47′6.9″。剖面整体出露较好，尤其龙马溪组下段清晰可见，划分层段便捷。沿剖面可见奥陶系临湘组、五峰组、观音桥组和志留系龙马溪组，向上植被覆盖出露较差（图 2-5）。龙马溪组下伏地层五峰组与下伏临湘组瘤状灰岩整合接触，发育黑色碳质页岩，表面风化呈土黄色，产状 325°∠20°，厚约 1.8 m。五峰组上部观音桥段灰黑色泥质灰岩，厚约 0.7 m。下志留统龙马溪组与下伏观音桥组整合接触，产状 329°∠26°。龙马溪组底部主要发育黑色碳质页岩，有机碳含量高，易染手，页理非常发育，沿层面可见大量笔石，笔石分布非均质性较强，不同层面或同一层面不同位置笔石丰度不一，类型主要包括尖笔石、直笔石等；向上砂质、钙质增多，笔石数量减少，出现雕笔石、锯笔石，可见黄铁矿条带。龙马溪组上部发育灰绿色、黄绿色粉砂质页岩夹灰色钙质页岩，可见球状风化，有机碳含量很低，偶见灰岩透镜体，笔石丰度降低。结合野外实测数据，经过室内校正，绘制綦江观音桥剖面综合柱状图（图 2-6），所测 TOC 大于 2％，富有机质页岩厚度达到 50 m。

(3) 云南昭通永善县黄华镇剖面

该剖面位于云南省昭通市永善县黄华镇殷家湾村，剖面沿公路边展布，顶底清晰出露，间有第四系覆盖，地理坐标为 N：27°59′12″～27°58′58″，E：103°38′01″～103°38′05″（图 2-7，图 2-8）。剖面出露龙马溪组下段岩性为黑色钙质泥页岩、碳质页岩，富含笔石化石，笔石形态多样，多表现为细长形态，可见弯曲耙笔石；剖面往上岩性过渡为灰绿色钙质页岩、黄绿色泥页岩、粉砂质页岩，笔石化石丰度明显减小，沿层面分布稀疏，笔石形态长短不一（图 2-9）。结合野外实测数据，经过室内校正，绘制得到昭通永善县龙马溪组剖面综合柱状图（图 2-10），所测 TOC 大于 2％，富有机质页岩厚度超过 60 m。

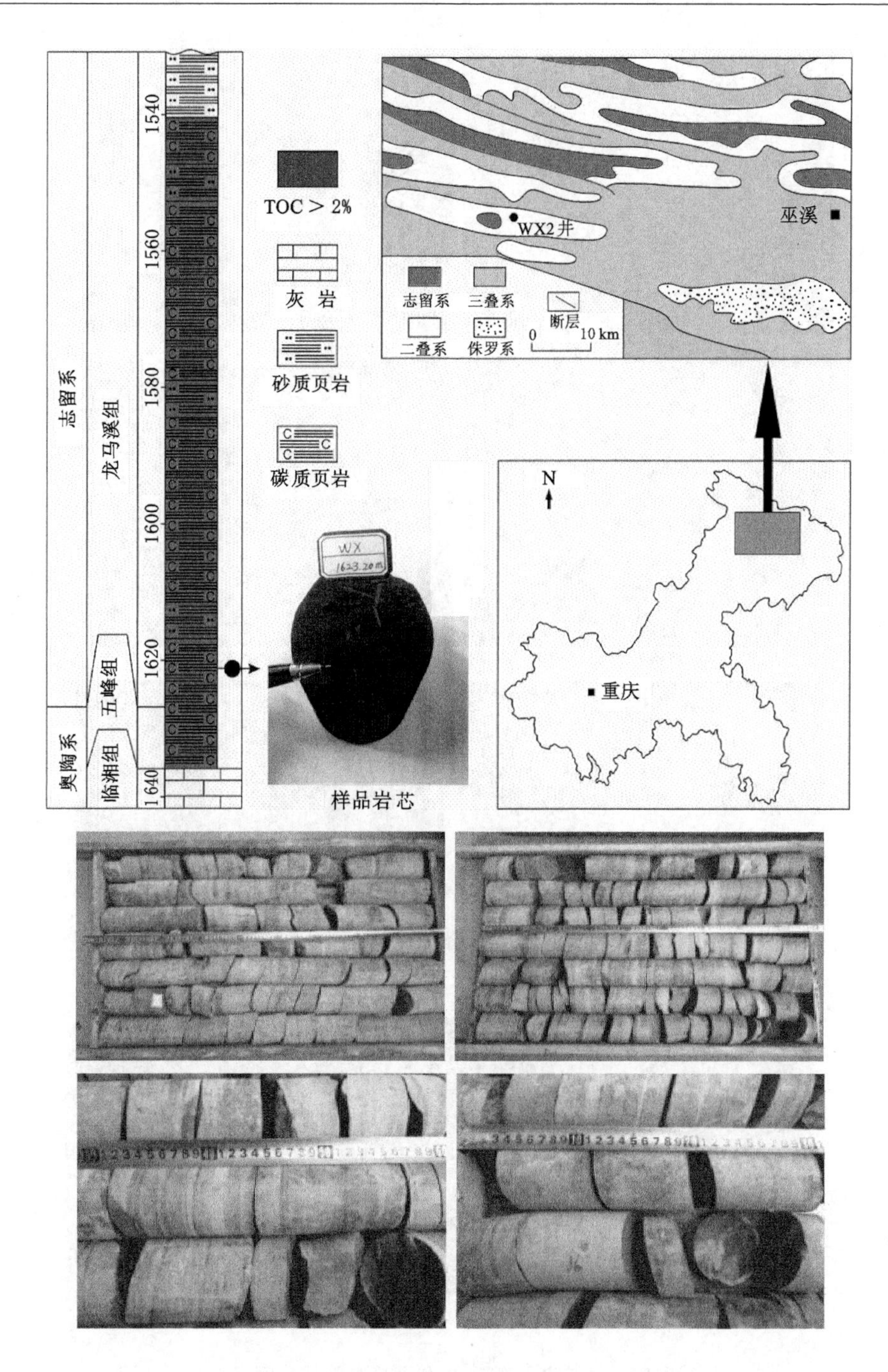

图 2-4 WX2 井位置与岩芯样品

a.下伏临湘组瘤状灰岩
b.五峰与临湘组分界
c.龙马溪组页岩发育 水平层理
d.龙马溪组黄铁矿 条带
e.底部富含笔石化石
f.页岩沿公路出露
g.上段页岩砂质增多
h.页岩上段植被覆盖严重，出露不好

图 2-5　重庆綦江观音桥龙马溪组野外剖面照片

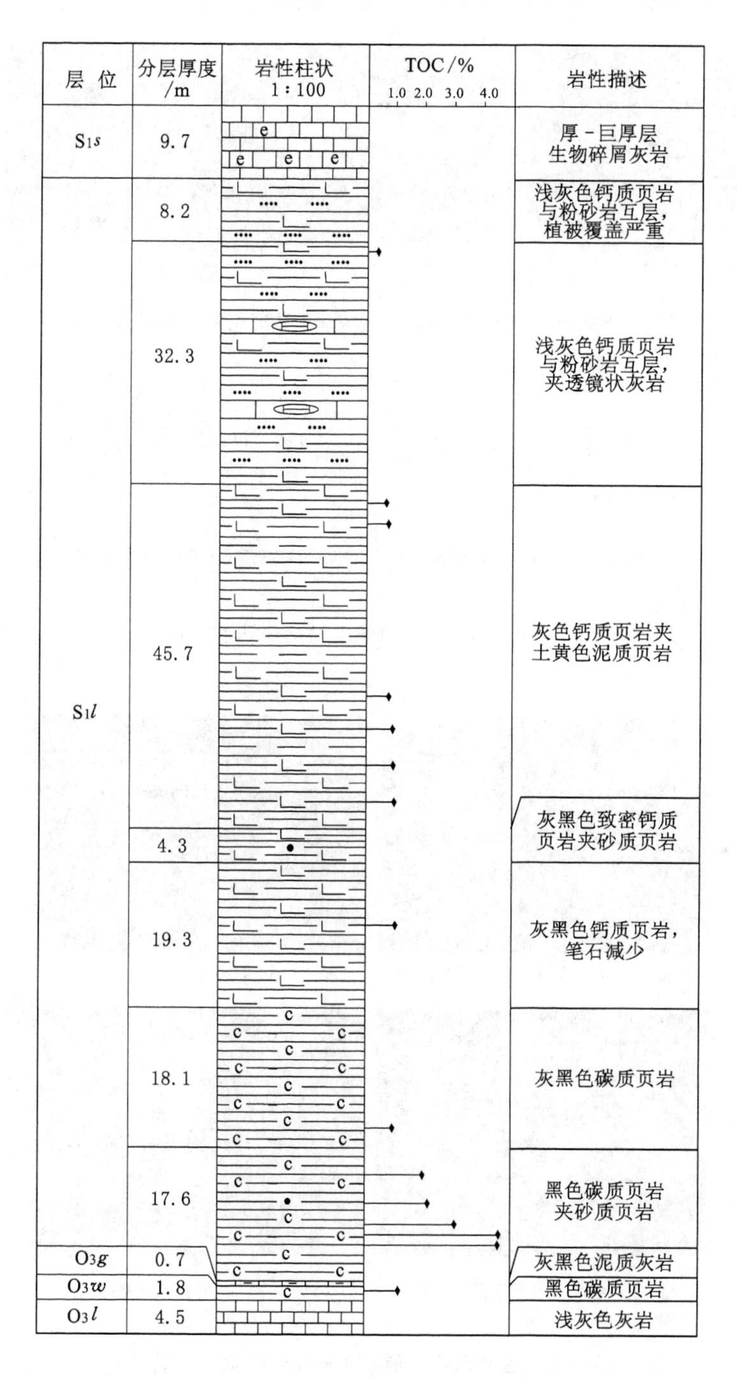

图 2-6 綦江观音桥志留系龙马溪组地层柱状图

图 2-7　昭通市永善县黄华镇(公路边)龙马溪组野外露头剖面照片

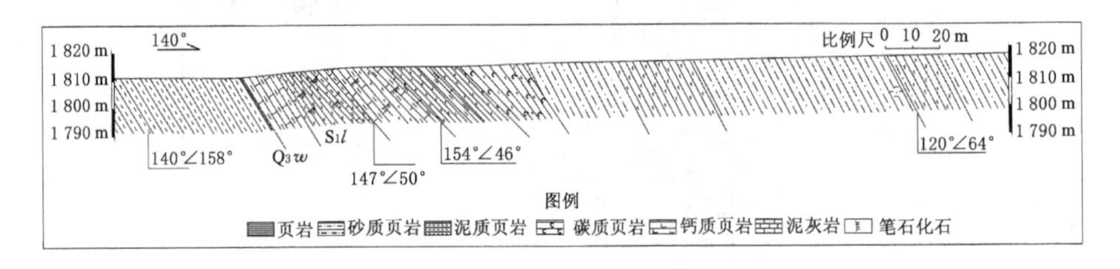

图 2-8　昭通市永善县龙马溪组实测剖面

a. 龙马溪组下段页岩笔石丰富　　b. 页岩细小纹层发育

c. 龙马溪组下段黑色碳质页岩　　d. 页岩节理发育

图 2-9　昭通永善县剖面龙马溪组剖面岩性特征

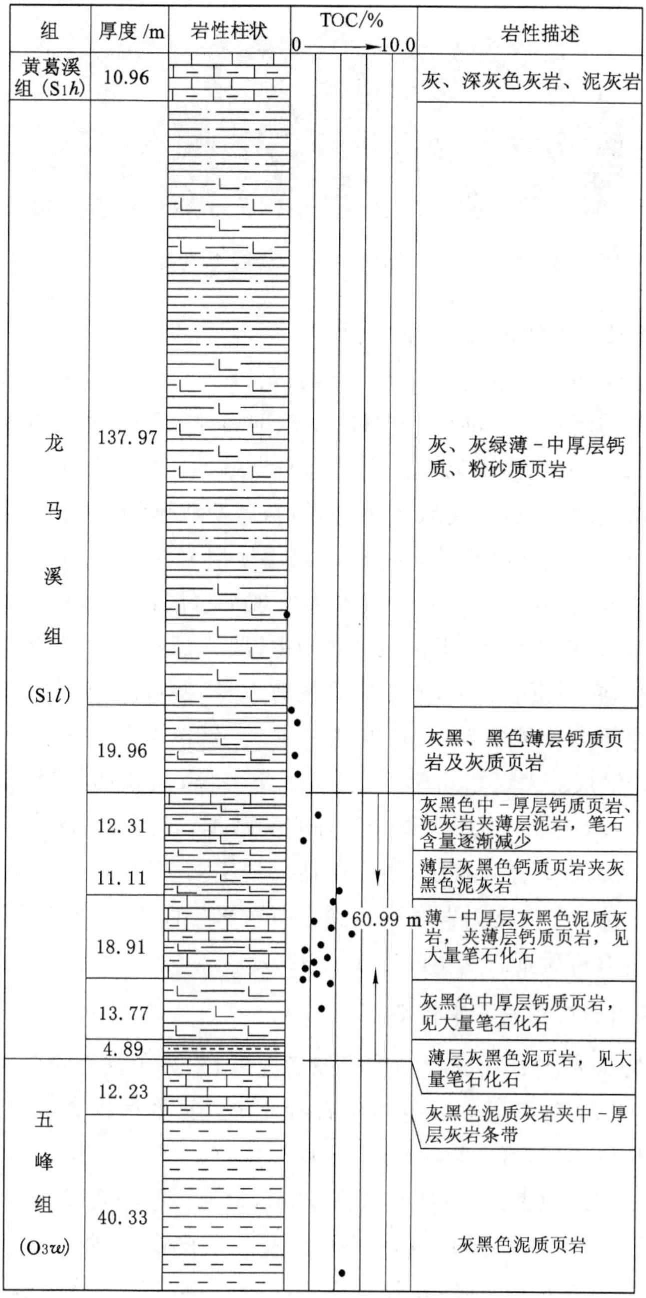

组	厚度/m	岩性柱状	TOC/% 0→10.0	岩性描述
黄葛溪组（S_1h）	10.96			灰、深灰色灰岩、泥灰岩
龙马溪组（S_1l）	137.97			灰、灰绿薄-中厚层钙质、粉砂质页岩
	19.96			灰黑、黑色薄层钙质页岩及灰质页岩
	12.31			灰黑色中-厚层钙质页岩、泥灰岩夹薄层泥岩，笔石含量逐渐减少
	11.11			薄层灰黑色钙质页岩夹灰黑色泥灰岩
	18.91		60.99 m	薄-中厚层灰黑色泥质灰岩，夹薄层钙质页岩，见大量笔石化石
	13.77			灰黑色中厚层钙质页岩，见大量笔石化石
	4.89			薄层灰黑色泥页岩，见大量笔石化石
五峰组（O_3w）	12.23			灰黑色泥质灰岩夹中-厚层灰岩条带
	40.33			灰黑色泥质页岩

图 2-10 昭通市永善县龙马溪组地层柱状图

图 2-11　长宁双河镇(加油站)龙马溪组野外露头剖面照片

(4) 四川长宁双河镇(采石场)剖面

该剖面位于四川省宜宾市长宁县双河镇公路附近岔路口内,剖面系人为采石过程中形成的新鲜露头剖面,遗憾的是该剖面龙马溪组底部为植被覆盖,未完全出露(图 2-11),剖面未见底。剖面垂向出露地层厚度较大,由于是采石场刚挖掘出新鲜层面,页岩未受风化作用影响,后期测试结果能够很好反映页岩真实矿物成分以及微孔缝结构。通过对出露地层岩性对比、笔石种属识别,推测出露层段为龙马溪组中下部,区域宏观发现页岩层系内节理发育,未见方解石充填,页岩岩性以灰黑色、黑色泥页岩为主(图 2-12a),含少量粉砂质页岩、泥质粉砂岩页岩、钙质页岩,页岩水平纹层发育。页岩中黄铁矿也十分发育,呈细条带状或分散颗粒状(图 2-12b),偶见灰岩夹层(图 2-12c)与灰岩透镜体(图 2-12d)。页岩沿层面发育丰富笔石,种类形态各异,从整体来说,由下往上,笔石丰度有所减少(图 2-12e、f)。结合野外实测数据,经过室内校正,编制出长宁双河(采石场)剖面综合柱状图,结合后期页岩实测 TOC 含量数据,发现 TOC 含量大于 2%的富有机质页岩厚度达到 30 m(图 2-13),由于该剖面未见顶底,推测该区域富有机质页岩真实厚度大于 30 m。

2.4.3　龙马溪组沉积岩石学特征

岩石学特征是页岩气成藏的重要控制因素,主要包括泥页岩的颜色、结构构造、粒度分布、矿物组成以及生物化石特征等。页岩气富集成藏段主要以黑色碳质页岩层段为主,富含笔石化石,纹层发育。

通过对研究区地表露头和岩性观察显示,龙马溪组黑色页岩存在多种岩相组合类型,除泥页岩-粉砂质泥页岩相外,还夹少量粉砂-细砂岩相。

总体而言,龙马溪组下段:WX2 井在 1 540～1 630 m 处,主要以碳质页岩、黑色泥质页岩与钙质页岩为主,见夹砂质条带,笔石丰度高,页理发育。在1 571.4 m 处,见透镜状、层状黄铁矿,厚 0.3～1 cm,局部黄铁矿被粉砂条带包围;在

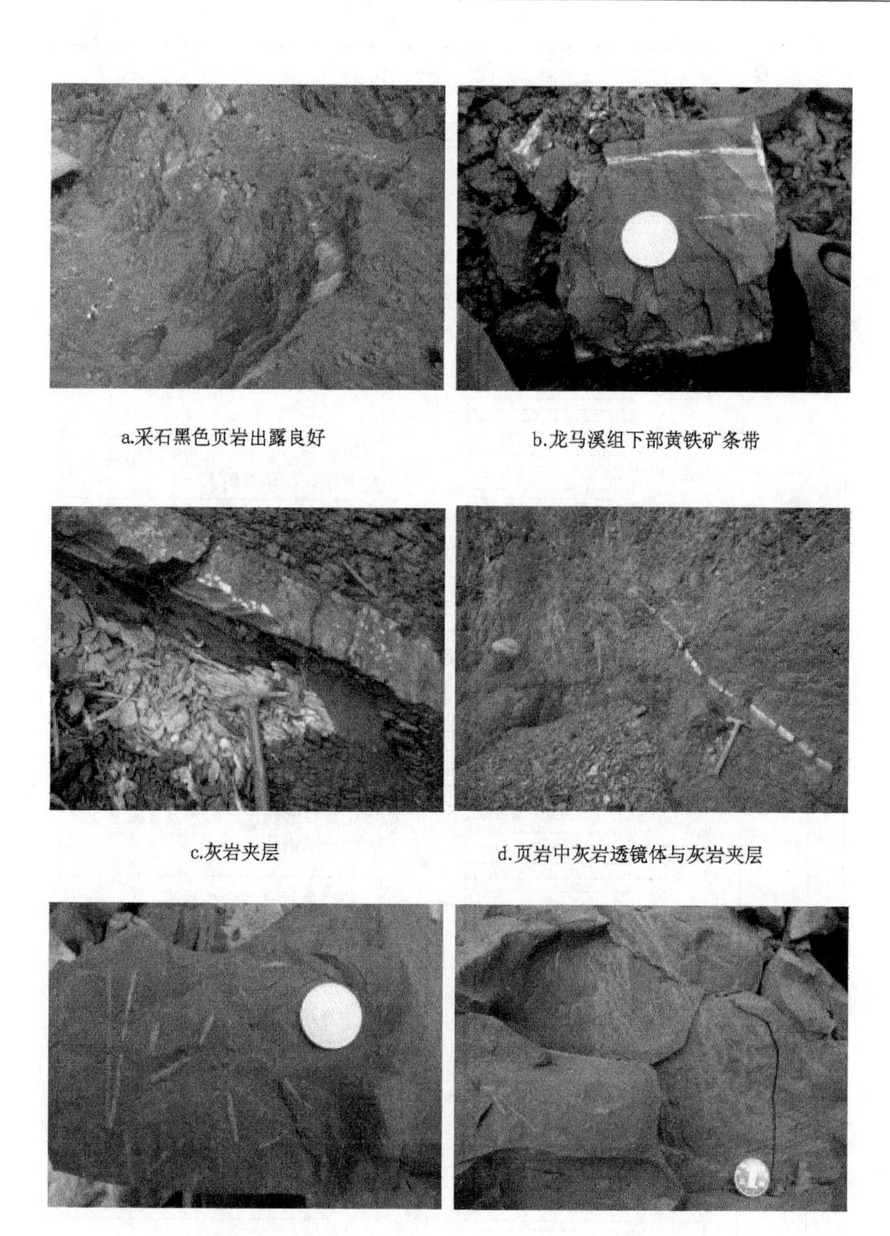

a.采石黑色页岩出露良好

b.龙马溪组下部黄铁矿条带

c.灰岩夹层

d.页岩中灰岩透镜体与灰岩夹层

e.龙马溪组下段页岩笔石丰富

f.页岩笔石丰富

图 2-12 长宁双河镇(加油站)剖面龙马溪组岩性特征

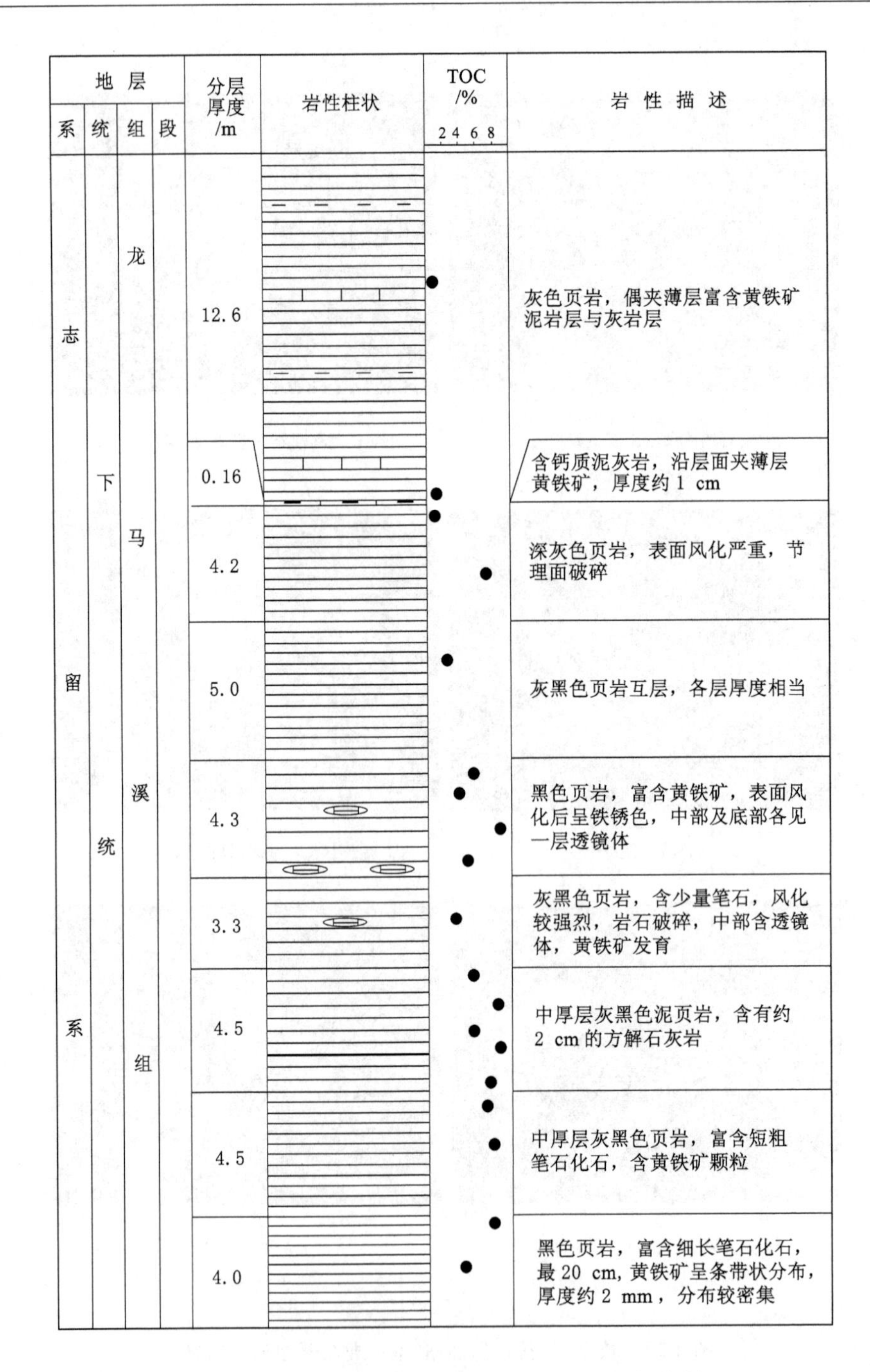

图 2-13　长宁双河镇(采石场)龙马溪组地层柱状图

1 585.42 m处，深灰色硅质泥岩，见垂直层面的节理面，节理面光滑，易破碎成块状，棱角尖锐，层面见黄铁矿，含丰富化石；在 1 593.51 m 见黑色泥页岩含层状粉砂条带，条带厚 0.5～1 cm，见大量笔石化石。野外露头剖面发现，龙马溪组下段以黑色碳质页岩为主，偶见黑色泥质粉砂岩，同时见深灰色生物灰岩条带。

龙马溪组上段：WX2 井主要以深灰色页岩，深灰色含粉砂泥岩为主，在 1 516.8～1 526.7 m 处见深灰色泥岩与泥灰岩互层，含笔石化石；在 1 483.83～1 490.29 m 处，深灰色含粉砂泥岩夹浅灰色泥质页岩，发育丰富纹层，局部夹透镜体条带。野外露头剖面发现，龙马溪组上段主要以灰绿色、黄绿色粉砂质页岩和粉砂岩为主。偶见灰岩条带，灰岩中裂缝发育，多被方解石填充。

根据对研究区钻孔、野外剖面页岩样品岩性描述统计，基于页岩颜色、矿物组成、颗粒粒度、沉积构造以及生物化石等特点，联合室内显微镜与场发射扫描电镜实现从微米尺度到纳米尺度的综合观测(图 2-14)，认为研究区龙马溪组页岩主要发育 4 种岩相类型：

① 黑色碳质页岩相：一般形成于乏氧低能或静水环境下，该类岩性在龙马溪组下段及底部最为发育，手标本颜色为黑、灰黑色，有机碳含量较高，一般大于 4%，染手、微细水平层理发育，且富含大量笔石，笔石呈层状分布，偶见黄铁矿沿层面分布。相对而言，该类岩相最为发育，厚度分布稳定，且由于有机碳含量高，被视为页岩气源岩-储层最有利的岩相类型。

② 钙质页岩相：手标本颜色主要呈灰色、深灰色，有机碳含量低，其特征是钙质胶结，碳酸盐岩含量大于 50%，偶见生物化石碎屑。此类岩相主要发育在龙马溪组黑色岩系的中上部，手标本可见灰质断口，发育有纹层状和块状，亮层为钙质层或含钙质较高的黏土层，暗层为黏土矿物层。

③ 粉砂质页岩相：手标本颜色呈灰黑、灰绿、黄绿色，有机碳含量变化较大，碎屑颗粒主要以石英为主，分选较差，局部含粉砂岩条带，常见于龙马溪组中上部。由于该类岩相有机碳含量较低，对页岩生烃贡献有限，但由于孔隙相对发育，推测可提供大量游离气赋存空间。

④ 泥质粉砂岩相：手标本颜色一般呈灰-灰黑色，风化后为灰黄色，有机碳含量较低，主要见于龙马溪组上段。粉砂颗粒含量大于 80%，显微镜下泥质与粉砂质互层，细纹层发育，碎屑成分主要包含石英、长石，局部可见骨针等硅质生屑。通过镜下发现，该类岩相孔隙最为发育，主要以无机孔隙为主，推测在页岩气大量生成后，气体从富有机质层段经层内微运移至该岩相层段，将以游离气状态大量富集，为开采初期产量提供保障。

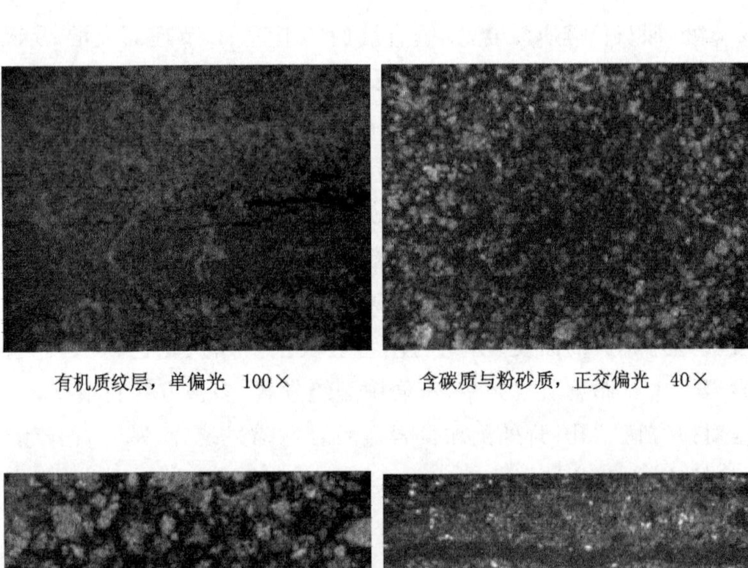

有机质纹层，单偏光 100×　　含碳质与粉砂质，正交偏光 40×

钙质胶结， 正交偏光，40×　　泥质与粉砂质互层， 正交偏光，40×

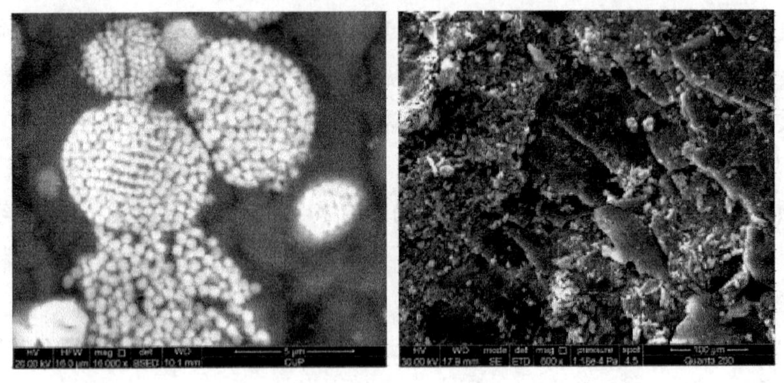

黄铁矿集合体，扫描电镜， 16000×　　笔石表皮体，扫描电镜 600×

图 2-14　龙马溪组页岩岩石学特征

2.5 小 结

本章节对上扬子区龙马溪组沉积构造背景以及野外实测剖面进行梳理，取得成果如下：

(1) 上扬子区是我国海相地层油气勘探的最主要地区，其下古生界两套海相页岩(筇竹寺组、龙马溪组)在区内广泛发育，且厚度稳定，有机质丰度高，是目前国内页岩气勘探开发重点目标层系。

(2) 研究区龙马溪组黑色页岩单层厚度较大，分布相对稳定，总体呈北东—南西展布，在川南宜宾和渝东石柱附近区域形成 2 个高值区。其中，川南附近黑色页岩厚度普遍达到 100 m 以上，分布较稳定。龙马溪组岩性主要受沉积环境控制，垂向分异明显，总体可分为上、下两段，下段主要以黑色碳质泥页岩及黑色钙质泥页岩为主，有机碳含量高，底部页岩沿层面发育大量笔石化石，偶见黄铁矿条带和灰岩透镜体，纹层极为发育；上段则以灰绿、黄绿粉砂质泥岩和粉砂岩为主，笔石丰度明显减少，有机碳含量降低。

(3) 研究区龙马溪组主要包括黑色碳质页岩相、钙质页岩相、粉砂质页岩相、泥质粉砂岩相等 4 种岩相类型，其中黑色碳质页岩相主要发育于龙马溪组底部，是页岩气源岩-储层的重要岩相类型。

3 烃源岩有机地化与矿物学特征

页岩属于典型的源储一体"连续型"气藏。页岩有机地化特征不仅直接决定了页岩生烃潜力、生烃强度以及生烃阶段，且是页岩气成因机理研究的基础，而页岩矿物组成又是纳米级微孔缝的形成载体。因此，页岩有机地化与矿物学特征研究是评价页岩气藏优劣的重要基础内容。

3.1 有机质类型

有机质类型是评价烃源岩质量的重要指标之一，不同沉积环境下形成不同类型有机质，进而导致不同的生烃潜力（李新景等，2009；韩超，2016）。目前页岩有机质类型评价方法主要采用干酪根显微组分和干酪根碳同位素分析。

大量学者依据不同标准对研究区龙马溪页岩有机质类型进行了判别（李文峰，1990；戴鸿鸣等，2008；周传祎，2008；腾格尔等，2007），陈波和皮定成（2009）针对建深1井龙马溪组页岩干酪根碳同位素分析认为，页岩有机质类型主要为Ⅰ型。王兰生等（2009）则利用有机质显微组分鉴定方法，发现四川盆地内长芯1井龙马溪组页岩腐泥质含量约占73.6%，有机质类型为Ⅰ型。张维生等（2009）对川东南-黔北地区龙马溪组镜下观测发现，有机质原始母质为藻类、浮游动物和细菌等，在滞留还原环境中高度降解，形成以无定形类为主的有机显微组分。同时根据对干酪根 $\delta^{13}C$ 的测试，$\delta^{13}C$ 测值为－28.7‰～－30.4‰，表明有机质类型为Ⅰ型（腐泥型）。本次研究对研究区龙马溪组富有机质页岩样品干酪根碳同位素 $\delta^{13}C$ 进行实测，测试值介于－28.3‰～－31.5‰（表3-1）。

根据前人研究成果，并结合本次页岩干酪根碳同位素实测结果，认为研究区下志留统龙马溪组有机质类型主要为Ⅰ型，少量为 $Ⅱ_1$ 型，属于腐泥型，生烃能力较强。

表 3-1 研究区龙马溪组有机质类型

地区	层位	岩性	$\delta^{13}C$/‰	类型	来源
川南	S_1	泥岩		Ⅰ型	李文峰,1990
川西南	S_1	灰绿色页岩		Ⅰ型	
川西南	S_1	灰绿色页岩		Ⅰ型	
四川盆地	S_1	泥岩		Ⅰ型	戴鸿鸣等,2008
喉滩剖面	S_1	泥岩		Ⅰ型	
大巴山、米仓山南缘	S_1	泥岩		Ⅰ—$Ⅱ_1$型	
川南兴文	S_{11}	泥页岩	−28.0	Ⅰ型	周传祎,2008
川南叙永	S_{11}	泥页岩	−30.4	Ⅰ型	
川东南-黔北	S_{11}	泥页岩	−28.7～−30.4	Ⅰ型	张维生等,2009
川南	S_{11}	泥页岩	−31.2	Ⅰ型	本次实测
WX2 井	S_{11}	泥页岩	−28.3～−31.5	Ⅰ—$Ⅱ_1$型	
渝东	S_{11}	泥页岩	−31.1	Ⅰ型	
滇东北	S_{11}	泥页岩	−30.2	Ⅰ型	

3.2 有机质丰度

页岩有机质丰度是评价页岩气藏优劣的重要有机地化参数，不仅直接决定了页岩的生烃潜力，为页岩气生成提供物质基础，而且生烃过程中产生的丰富纳米级微孔缝，为页岩气赋存提供良好的储集空间。

目前页岩中有机质丰度评价指标包括：总有机碳（TOC）含量、岩石热解参数游离烃（S1）以及裂解烃（S2）以及氯仿沥青“A”等，其中 TOC 含量被国内外学者广泛使用。因此，本书以 TOC 含量来作为衡量有机质丰度的评价参数。本次研究对 26 个深部钻孔岩芯样品和 108 个新鲜露头剖面/浅钻样品的 TOC 含量测试发现，页岩 TOC 含量跨度较大，介于 0.05%～12.91%，平均达到 2.42%；其中 65 个样品 TOC 含量大于 2.0%（图 3-1），占总测试样品数 60%以上，主要分布在龙马溪组的下段。

如图 3-2 所示，研究区龙马溪组有机碳含量表现出明显的垂向非均质性特点，所测 WX2 井龙马溪组底部有机碳含量较高，TOC 含量大于 2%层段厚度可

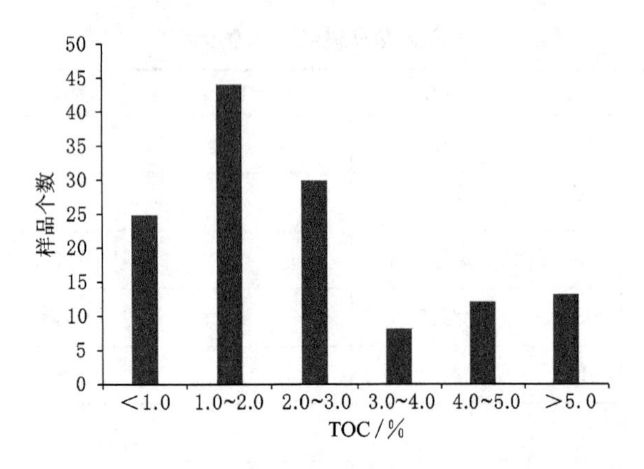

图 3-1 研究区有机碳含量分布

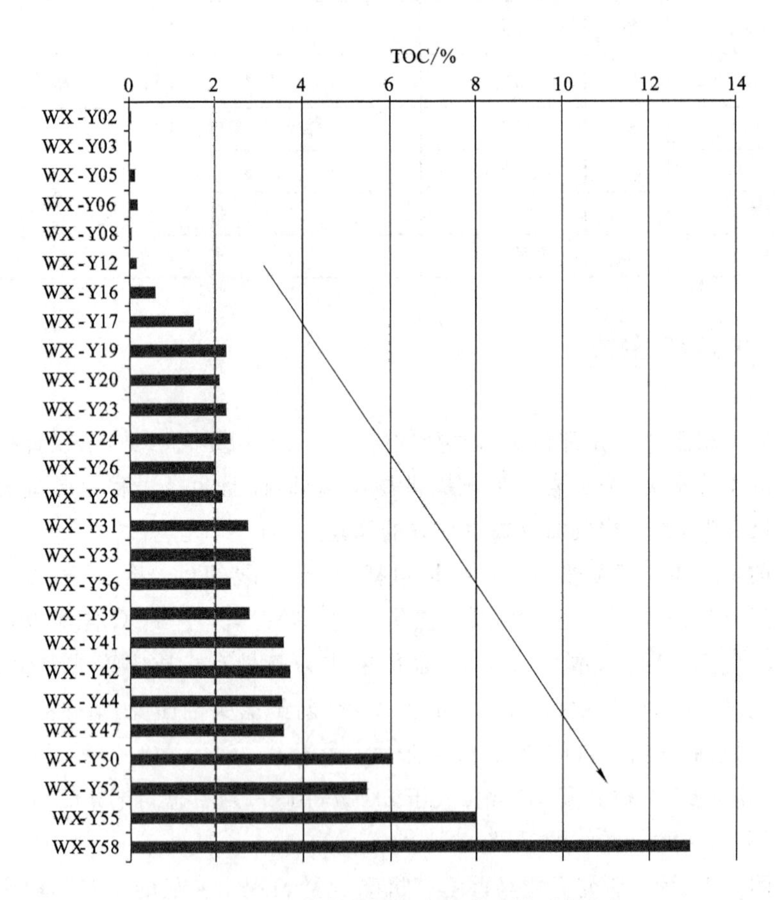

图 3-2 WX2 井龙马溪组有机碳含量垂向分布

达 50 m，而龙马溪组上段 TOC 含量普遍较低，表现出从上段到下段有机碳含量增加趋势，下段富有机质页岩可作为优质源岩-储层段。

区域上龙马溪组黑色页岩发育稳定，其 TOC 等值线整体呈北东-南西向展布，研究区页岩整体 TOC 含量较高，可为页岩生烃提供良好的物质基础。TOC 含量高的地区呈条带状展布，形成了川北、川南-渝东两个 TOC 高值区(图3-3)，为后期寻找富集区提供了数据支撑。

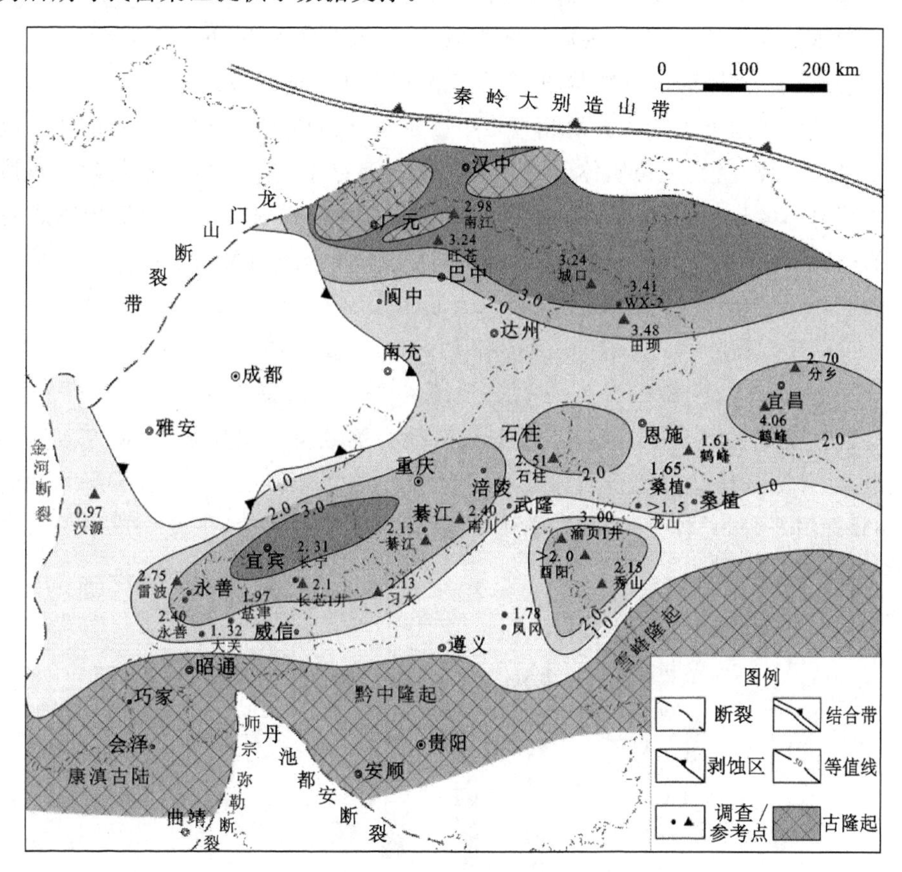

图 3-3　上扬子区龙马溪组有机碳含量等值线图

3.3　有机质成熟度

有机质丰度是决定页岩生烃潜力的物质基础，有机质类型代表了页岩的沉积环境和有机质来源，而有机质成熟度是判断有机质是否进入生烃阶段、生烃类型最重要的指标(Curtis,2002;Jarvie 等,2007)。多数学者建议使用有机质中镜质体反射率(R_o)来表征成熟度,一般将有机质热演化程度划分为以下 4 个阶段:

① $R_o<0.5\%$为未成熟阶段,这个阶段有机质在厌氧生物的作用下,产生一些 CO_2、H_2O、CH_4 等及少量的凝析油,属于生物成气阶段;

② $R_o=0.5\%\sim1.3\%$为成熟阶段,以生油为主;

③ $R_o=1.3\%\sim2.0\%$为高成熟阶段,以生成湿气为主,并伴有凝析油;

④ $R_o>2.0\%$为过成熟阶段,主要生成甲烷为主的干气。

但是中国南方下古生界海相页岩中由于缺乏镜质体,处理龙马溪组样品成熟度时,也通常测量类镜质体(或海相镜质体、沥青体)反射率,并转化为等效镜质体反射率(Chen 等,2011;Tian 等,2013)。本次研究采用钟宁宁等(1995)建立的类镜质体反射率(R_{om})和等效镜质体反射率(R_o)的相关关系:

$$R_o = 1.042R_{om} + 0.052 \quad (0.30\% < R_{om} < 1.40\%)$$

$$R_o = 4.162R_{om} - 4.327 \quad (1.40\% \leqslant R_{om} < 1.60\%)$$

$$R_o = 2.092R_{om} - 1.079 \quad (1.60\% < R_{om} < 3.0\%)$$

根据上式关系,将类镜质组反射率转换为等效镜质组反射率,研究区龙马溪组 32 件测试样品等效镜质体反射率 R_o介于 1.55%~4.34%之间,平均达到 2.65%(图 3-4),总体处于高-过成熟阶段,源岩处于生气窗,主要生成甲烷为主的干气。

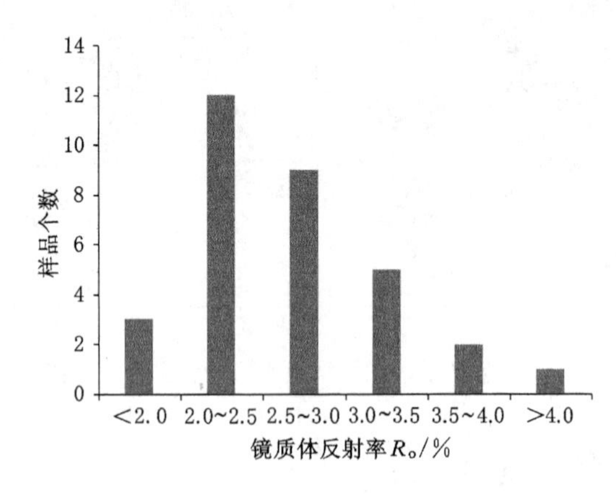

图 3-4 研究区龙马溪组成熟度分布

本次根据实测数据,结合前人测试结果以及考虑区域构造-沉积-埋藏演化等资料,绘制了研究区龙马溪组黑色页岩成熟度平面分布等值线图(图 3-5)。

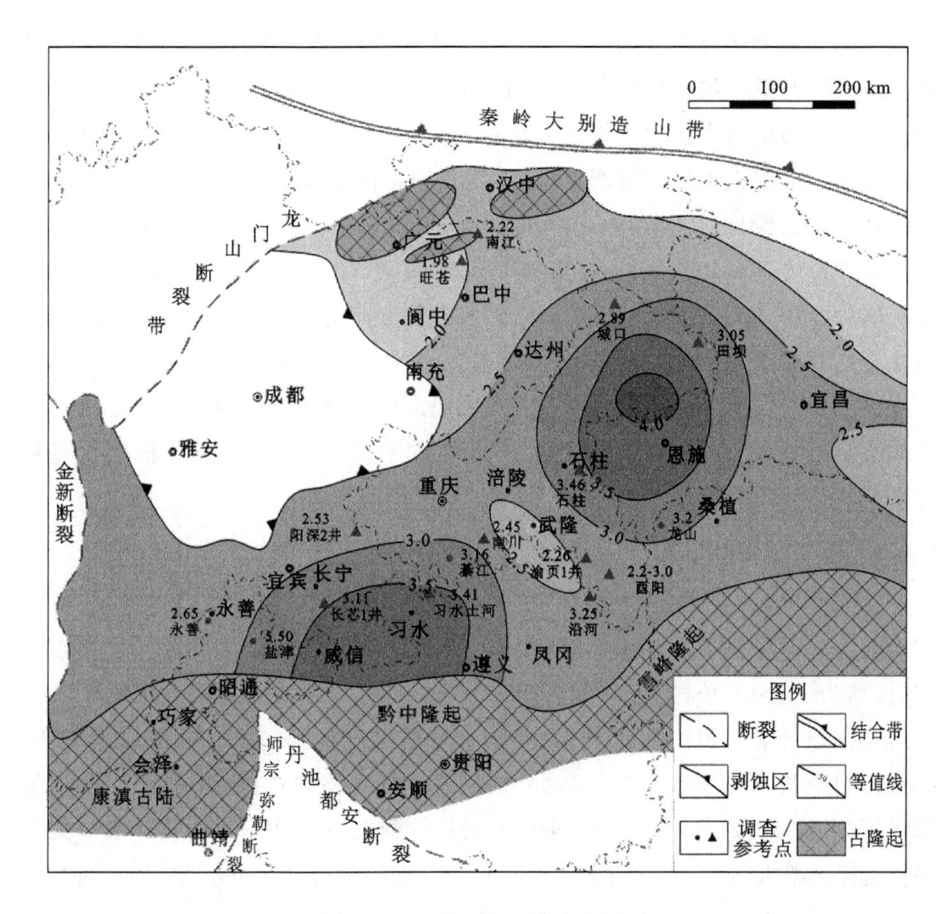

图 3-5 龙马溪组页岩成熟度等值线图

从图中可以看出，上扬子地区龙马溪组页岩成熟度普遍偏高，R_o基本大于2.0%，属于过成熟阶段，以生干气为主。渝东石柱及川南地区出现了2个高值区，成熟度达到3.5%以上。

3.4 矿物学特征

页岩中含有多种矿物，且不同层段、不同区域表现出强非均质性(Jarvie等，2007；Tian等，2013)。页岩主要由石英、黏土、长石碎屑、碳酸盐矿物及其他矿物(黄铁矿、菱铁矿等)等组成。矿物成分定量表征对于页岩气藏研究意义重大，主要体现在两个方面：一方面，从页岩气赋存角度而言，页岩气在储层中主要以吸附态和游离态赋存，其中，黏土矿物具有的较高比表面积与微孔空间，是吸附态页岩气赋存的重要储集场所，同时，不同矿物间形成大孔径粒间孔与接触边缘缝也为游离态页岩气提供了赋存空间；另一方面，从经济开采角度而言，页岩气开采需要人工压裂增产措施，页岩气的可压裂性是决定页岩气能否高效经济开发的重要评价指标之一，而可压裂性又直接取决于页岩中脆性矿物含量。脆性矿物含量越高，对压裂造缝越有利，增产效果也就越好。当然，并非脆性矿物含量越高越好，脆性矿物含量增加必然会导致黏土矿物含量相对减少，而黏土矿物对页岩气吸附性具有积极贡献，同时大量黏土层间孔隙又可为游离气提供赋存空间。因此，矿物成分分析是储层评价的重要内容之一，是研究页岩储集空间特征与储层可改造性的基础，对页岩气资源评价、赋存机理研究和开采工艺设计均具有重要意义。

3.4.1 页岩矿物组成特征

目前而言，X 射线衍射(XRD)技术是鉴定、分析和测量页岩矿物组成最为有效的实验方法。本次矿物成分测试在中国石化华东分公司实验研究中心完成，仪器为 Rigaku 公司生产的 D/Max-3B 型 X 射线衍射仪。测试条件：Cu 靶，Kα 辐射(Cu-Kα 辐射)，工作电压 35 kV(X 射线管电压 35 kV)，工作电流 30 mA(X 射线管电流 30 mA)。定性分析采用连续扫描方式，扫描速度 3°/min，采样间隔(步宽)0.02°。利用粉末衍射联合会国际数据中心(JCPDS-ICDD)提供的各种物质标准粉末衍射资料(PDF)，按标准分析方法进行对照分析鉴定，并最终确定样品的矿物组成；定量分析采用步进扫描方式，扫描速度 0.25°/min，采样间隔(步宽)0.01°。按照中国标准(YB/T 5320—2006)的 *K* 值法进行定量分析。

通过对研究区野外露头样品以及 WX2 井钻孔样品进行 X 衍射全岩分析，发现研究区龙马溪组页岩矿物组成多样，主要包括石英、黏土、长石、碳酸盐(方解石和白云石)和黄铁矿等矿物(图 3-6、图 3-7)。石英含量普遍较高，含量在 21.2%～57.0%，平均达到 42.87%；黏土含量其次，介于 13.0%～69.5%，平均达到 37.36%；碳酸盐矿物含量在 0%～27.2%，平均为 5.27%；长石含量为 3.1%～18.0%，平均为 10.86%。此外，部分样品含有较多黄铁矿。不同样品矿物含量变化明显，非均质性强。进一步对比钻孔样品与野外露头样品发现，钻孔样品石英含量普遍比露头样品高，而黏土矿物含量普遍比露头样品低。

进一步将龙马溪组黑色页岩样品提取黏土矿物进行 X 衍射分析，结果显示黏土矿物以伊利石和伊/蒙混层为主(图 3-8、图 3-9)，其中伊利石含量为 17.0%～

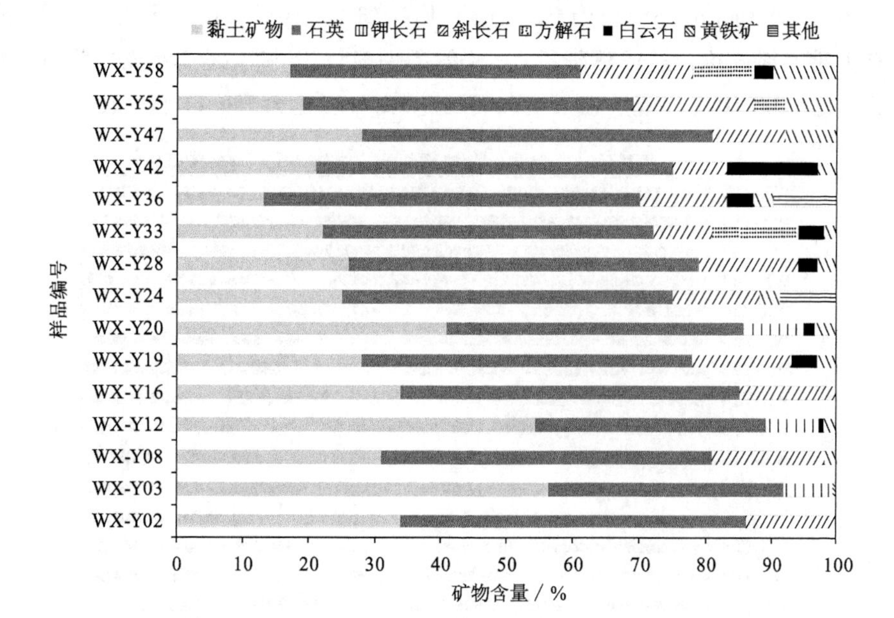

图 3-6 WX2 井龙马溪组页岩样品矿物组成含量分布

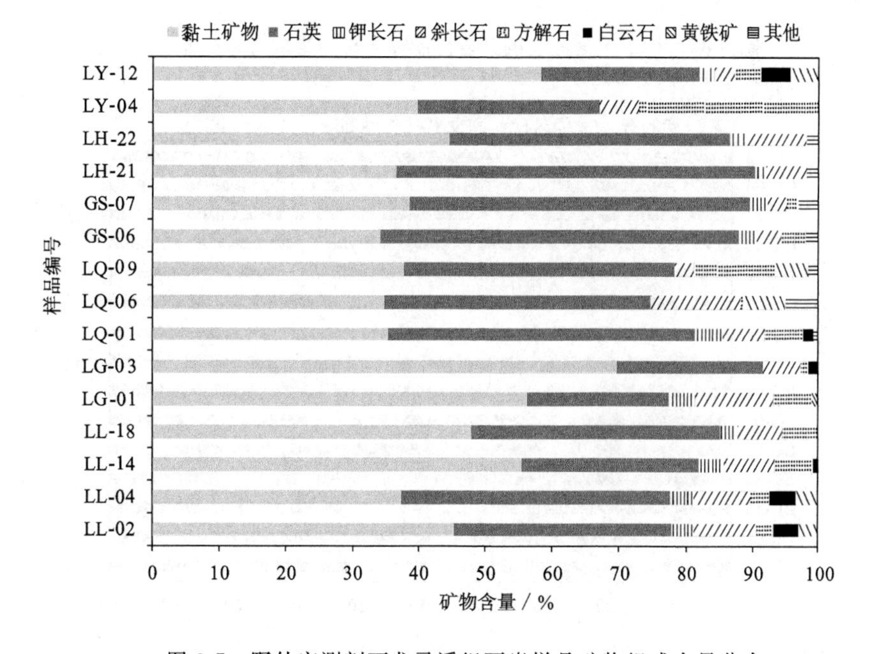

图 3-7 野外实测剖面龙马溪组页岩样品矿物组成含量分布

80.0%，平均达到50.68%；伊/蒙混层平均达到36.10%。由于研究区龙马溪组有机质大部分达到过成熟阶段，成熟度 R_o 一般大于2%，处于晚成岩阶段，蒙脱石均已向伊/蒙有序混层以及伊利石转化，高岭石也大部分转化为绿泥石。

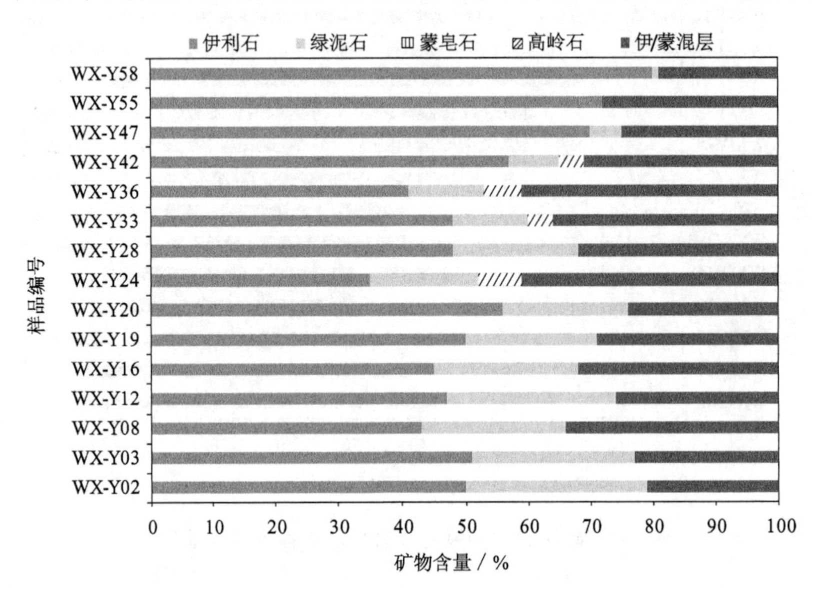

图 3-8　WX2 井龙马溪组页岩样品黏土矿物组成含量分布

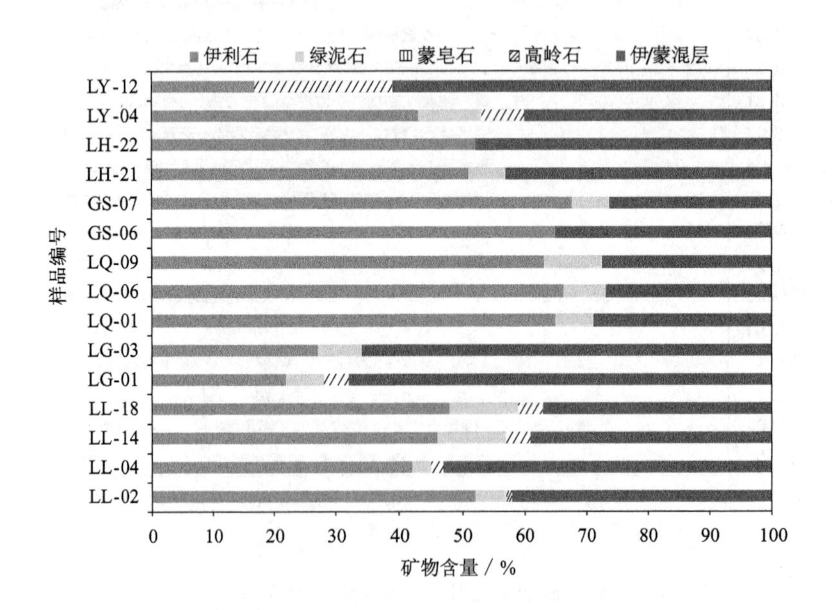

图 3-9　龙马溪组野外剖面新鲜页岩样品黏土矿物组成含量分布

3.4.2　页岩矿物脆性特征

从矿物学角度定量表征岩石脆性是评价页岩储层优劣的另一项重要指标。岩石脆性好坏直接关系到储层裂缝发育难易程度(Bowker，2007；Ross and Bustin，2009)，同时还是决定页岩储层能否实施压裂改造的主要技术指标，对页岩气渗流与开采至关重要。根据北美页岩气成功勘探开发经验，在页岩储层评价中，通常将有机质含泥量高、脆性矿物含量高、黏土矿物含量相对较低、微裂缝发育的目的层作为优质储层。目前部分学者主要将矿物成分中石英和方解石作为脆性矿物(Curtis，2002)。特别是石英含量越高，页岩表现出脆性越好，微裂缝发育程度越高，同时在后期压裂作用下造缝能力越强。

Jarvie(2007)在研究泥页岩的岩石脆度时，推荐使用石英占石英＋碳酸盐岩＋黏土矿物含量的比例得到脆性系数来评价储层脆性优劣：

$$BI = W_Q/(W_Q + W_C + W_{Cl}) \times 100\% \tag{3-1}$$

式中，BI 表示为脆性系数；W_Q 为石英含量；W_C 为碳酸盐岩含量；W_{Cl} 为页岩中黏土矿物含量。

美国实现工业开发的页岩储层脆性系数一般在 50%以上，最高可达 95%(Curtis，2002)。基于 X 射线衍射实验测试数据统计，研究区龙马溪组石英含量变化幅度较大，垂向变化规律不明显，但主要分布在 50%～60%区间(图 3-10)。通过脆性系数计算公式计算得到，上扬子区龙马溪组页岩脆性系数介于 23.73%～81.43%，平均达到 45.56%。而对比而言，研究区龙马溪组脆度总体稍稍偏低，因此，对后期压裂增产技术要求也较高。

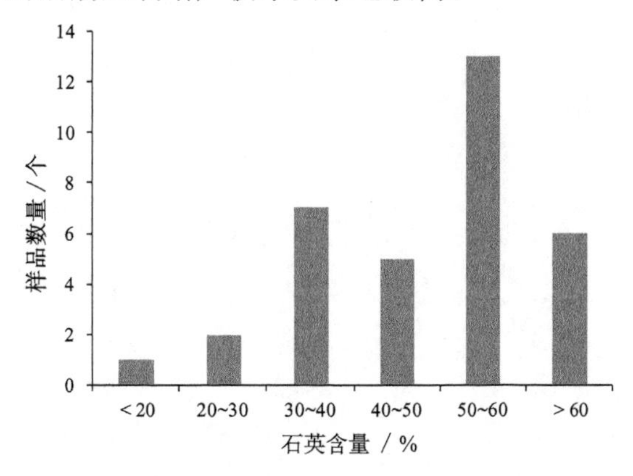

图 3-10　研究区龙马溪组脆性矿物石英含量频率分布

3.5 小 结

本章针对采集的上扬子区龙马溪组深部钻孔岩芯样品和露头样品，开展了系列地化与矿物学室内定量表征实验，总结如下：

(1) 龙马溪组 TOC 含量垂向分异性明显，且下段页岩 TOC 含量明显高于中上段。平面上页岩 TOC 含量分布稳定，形成川北、川南-渝东两个 TOC 高值区。实测龙马溪组样品 TOC 含量介于 0.05%～12.91%，平均值为 2.42%，且 TOC 含量大于 2%的样品数占 60%以上，为页岩生烃提供了良好的物质基础。页岩有机质类型以Ⅰ型为主，有机质成熟度 R_o 介于 1.55%～4.34%之间，平均达到 2.65%，总体处于高-过成熟阶段。

(2) 研究区龙马溪组页岩矿物成分复杂，非均质性强，主要以石英、黏土矿物为主，深部钻孔岩芯样品石英含量介于 21.2%～57.0%，平均达到 42.87%；黏土矿物含量介于 13.0%～69.5%，平均达到 37.36%；伊利石与伊/蒙混层矿物是主要的黏土矿物类型，平均值分别达到 50.68%和 36.10%。

(3) 从矿物学角度讨论岩石脆性对储层评价的重要意义，通过计算获得研究区龙马溪组页岩脆性系数介于 23.73%～81.43%，平均达到 45.56%，较美国商业开发页岩脆性系数略低，对压裂增产要求较高。

4 页岩微孔缝结构静态精细表征及其影响因素

页岩系统中微孔缝是以有机质和黏土矿物为基础载体，其演化过程是成岩作用的综合反映，是沉积有机质生烃演化的体现，是构造改造的直接作用对象，是吸附和游离等相态气体的赋存介质，也是压裂开发增大渗透率的关键。因此，孔隙结构是连接微观赋存机理与宏观开采工艺的桥梁，是储层研究的关键指标。

由于非常规页岩储层含有大量纳米级微孔缝，常规储层孔隙测试技术手段已经难以满足测试要求，更无法清晰系统地表征页岩微孔缝发育形貌与结构特征，因此需借助多种非常规测试手段联合表征，达到定量揭示页岩微孔缝结构特征的目的。本书采用氩离子抛光-场发射扫描电镜，实现对页岩孔隙形貌以及成因识别研究。进一步结合高压压汞、低温液氮吸附和二氧化碳吸附测试，实现对孔隙结构全尺度-多精度定量系统表征。

目前国内外学者使用不同测试手段，基于不同考虑因素，提出众多孔隙分类方案，但整体核心思路一致，大同小异。本次研究为了更便捷地描述不同类型、不同大小的孔隙，方便与国际学者研究成果横向对比，采用目前国际上针对页岩储层孔隙结构最为常用的分类方案。孔隙形貌-产状分类使用 Loucks 等(2012)提出的分类方案，将孔隙类型分为四类：有机质孔、粒内孔、粒间孔和微裂缝。孔隙大小分类依据国际理论与应用化学联合会(IUPAC)分类方案，将孔隙依据直径大小分为三类：微孔(＜2 nm)、介孔(2～50 nm)和宏孔(＞50 nm)(Rouquerol 等，1994)。

4.1 页岩微观孔缝结构形貌成因特征表征

地质学是一门注重观察描述的学科，纳米级尺度下页岩微孔缝发育形貌特征一直是地质学者关注的重点(邹才能等，2011；Loucks 等，2012)。而近年来科学技术的迅猛发展，高分辨率成像技术（如扫描电镜、场发射扫描电镜、原子力显微镜和纳米 CT 扫描电镜等）不断更新换代，实现了人们对页岩纳米微观结构的精细观测的愿景。大量学者通过对高分辨率图像分析以及结合多种图像处理软件，能够形象直观地对页岩孔隙的形貌特征、孔径尺度、分布位置、连通性、非均质性和发育程度等进行定性到定量的系统表征，从而有利于深入揭示页岩气微观赋存状态和渗流扩散机理的本质特征。

4.1.1 实验准备与样品处理

实验采用荷兰 FEI 公司生产的 FEI Quanta200F 型扫描电镜观测（图 4-1），扫描电镜加速电压可达 200 V～30 kV，放大倍率 25～200 000 倍，其采用场发射灯丝，亮度为钨灯丝的千倍，具更高分辨率，可以分别获得二次电子图像（SE，secondary electron）和背散射图像（BSE，backscattered electron），同时配套能谱仪测试，可对页岩样品进行矿物成分半定量分析。

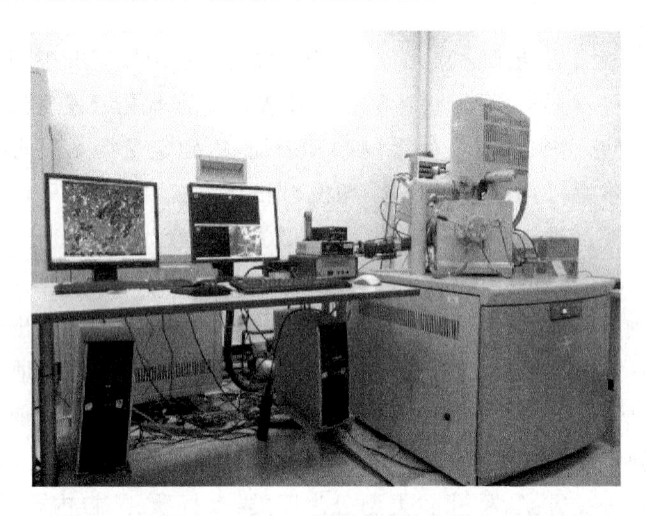

图 4-1 FEI Quanta200F 场发射环境扫描电子显微镜

利用场发射扫描电镜可以识别不同类型孔隙发育形貌以及半定量测定孔隙大小，但该技术对样品前期处理要求严格。由于页岩新鲜断面无法保证完全平整，给观测带来困难，因此一般采用机械抛光处理样品，而机械抛光极易导致部分骨架矿物断裂，产生视觉上“假孔隙”，误导观测结果。为了避免以上操作对样品造成的污染，本次采用氩离子剖光技术处理样品，通过离子束轰击切割样品，产生机械抛光难以达到的镜面效果，真实保留了页岩孔隙发育形态与结构特征（图 4-2）。在完成对页岩样品氩离子抛光处理后，还需在观测表面镀一

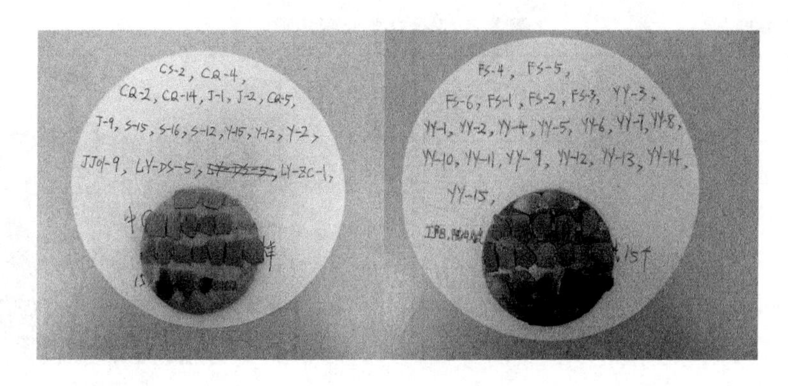

图 4-2 氩离子抛光处理后的页岩样品

层约 3 nm 厚的金膜，然后使用场发射扫描电镜在高真空模式下观察样品孔隙发育特征。

4.1.2 孔隙发育形貌成因特征

(1) 页岩有机质特征与分布

页岩有机质内部发育大量纳米级微孔缝，因而分析有机质分布、聚集方式、形态特征对研究有机纳米孔隙成因机理与结构特征至关重要。

通过场发射电镜观测，能明显观察到有机质或以局部聚集状或以分散状分布于碎屑颗粒之间，同时借助能谱仪对各类有机质主要组成元素进一步分析。结果表明，聚集有机质中 C、O 元素质量百分比为 75%～90%，而 Si、Al 元素质量百分比为 5%～15%，表明该类有机质中 C 富集程度很高(表 4-1)；相比而言，分散有机质主要以和黏土矿物共生或和黄铁矿共生为两种典型。与黏土矿物共生且部分形成有机-黏土复合体，其中 C、O 元素重量百分比为 25%～50%，Si、Al、Mg 元素质量百分比为 35%～55%(表 4-2)，即以黏土矿物为主，该类有机质往往以化学和物理吸附两种方式赋存于伊利石、伊/蒙混层矿物表面，甚至部分有机质进入黏土矿物层间，形成有机-黏土复合体(蔡进功等，2007；卢龙飞等，2013)。进一步统计证实，龙马溪组页岩有机质主要以局部聚集有机质和与黏土矿物结合的分散有机质两种形式存在，前者是以有机质为主体，后者是以黏土矿物为主体。这为后续分析有机质孔隙结构与演化规律奠定了基础。

表 4-1　　聚集有机质主要元素组成

元素	质量百分比/%	原子百分比/%	有机质分布 SEM 图
C	79.96	87.08	
O	8.87	7.52	
Al	2.56	1.29	
Si	8.17	3.94	
Cl	0.44	0.17	
—	—	—	
—	—	—	

表 4-2　　有机-黏土复合体主要元素组成

元素	质量百分比/%	原子百分比/%	有机质分布 SEM 图
C	12.41	23.08	
O	18.46	25.78	
Mg	0.94	0.86	
Al	7.07	5.86	
Si	43.09	34.28	
K	5.28	3.02	
Ca	12.76	7.11	

(2) 有机质孔隙形貌发育特征

有机质孔是页岩中非常发育的一类孔隙，其发育结构特征对页岩气赋存富集有着至关重要的影响。有机质孔的主要定义为页岩中由有机质构成其主体的一类孔隙，其本身也属于粒内孔一种。由上文研究已经发现，龙马溪组页岩中有机质主要有两种赋存方式：聚集有机质和分散有机质。而有机质孔隙发育形态、规模受两种赋存方式影响明显。

聚集有机质孔隙发育形态多样，包含蜂窝状、狭缝状、椭圆形、圆形等[图 4-3(a)，(b)]。分散有机质主要与黏土矿物或黄铁矿共生，接触边缘发育有机质孔隙[图 4-3(c)]。有机质孔成因主要包含生烃作用以及有机生物本身骨架结构。有机质生烃孔隙主要与有机质成熟度相关，孔隙形态多为蜂窝状、圆形或椭圆形，孔均质性强，较为常见[图 4-3(a)，(b)]。古生物化石孔隙形态与来源生物自身骨架结构密切相关，一般呈多边形状、放射状以及不规则状等，具有

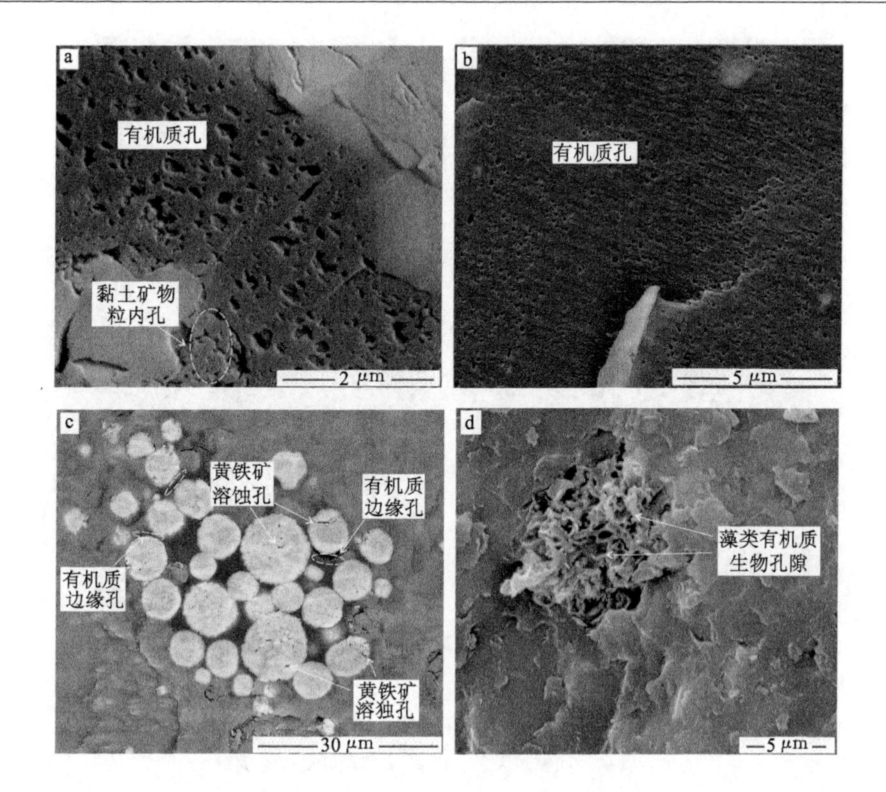

图 4-3　龙马溪组页岩有机质孔隙发育形貌特征

(a) 椭圆、狭缝、蜂窝状有机质孔隙；(b) 近似圆形有机质生烃孔；

(c) 有机质与黄铁矿共生，接触边缘发育有机质孔隙，黄铁矿内发育溶蚀孔；(d) 藻类生物骨架孔隙

孔隙尺度较大、局部集中、连通性好等特点[图 4-3(d)]。值得注意的是，受场发射扫描电镜分辨率限制，大量孔径小于 5 nm 的有机孔隙无法观测统计。

(3) 有机质孔隙刚性格架保护机制

通过大量扫描电镜观测发现，同一块页岩中有机质孔隙发育程度也有所差异。页岩在经历相同埋藏生烃背景，经历相同的后期构造改造运动后，不同部位有机质孔隙呈现完全不同的发育形态。

系统统计观测不同部位有机质形貌差异发现，发育在骨架矿物中间的分散有机质部分孔隙保存更加完好，孔径也较大[图 4-4(a),(b),(c)]，而部分聚集有机质孔隙存在外力压缩现象，孔径较小[图 4-4(d)]。因此，推测有机质孔隙形成以后，对受深埋地应力或后期构造应力改造敏感，孔隙易被压缩，甚至被破坏，而处于石英颗粒、黄铁矿颗粒晶体和长石矿物之间的有机质孔隙往往保存

图 4-4　龙马溪组有机质孔隙保存机制

(a) 黄铁矿粒间充填大量有机质，有机质孔隙保存完好；

(b) 黄铁矿颗粒充当刚性保护格架；(c) 长石充当有机质孔隙刚性保护格架；

(d) 有机质孔受应力挤压，形变明显

良好，认为页岩骨架矿物形成的刚性格架对发育于内部的有机质孔隙起到有效的保护作用，使得有机孔隙在一定程度免遭压实破坏。

(4) 粒内孔发育形貌特征

页岩中粒内孔同样发育，镜下发现主要发育于石英、碳酸盐岩、长石和草莓状黄铁矿等矿物内部(图 4-5)。不同的矿物特性决定了粒内孔不同的成因机制，由于石英矿物非常稳定，其颗粒内部孔隙主要是原生孔隙；长石和碳酸盐岩等不稳定矿物内部则易发育溶蚀孔[图 4-5(a)，(b)]；黄铁矿单晶内部存在原生晶间孔隙，同时其本身也存在溶蚀现象，草莓状黄铁矿溶蚀产生粒内溶蚀孔或进一步完全溶蚀形成印模孔[图 4-5(c)，(d)]。粒内孔的形态多为长条形、椭圆形或者槽状；孔径大小不一，主要介于几十纳米到几微米。由于脆性矿物通常分布较为零散，孔隙之间不连通或者连通性相对较差。

另一方面，由于粒内孔主要存在于石英、长石和碳酸盐岩等脆性矿物中，在

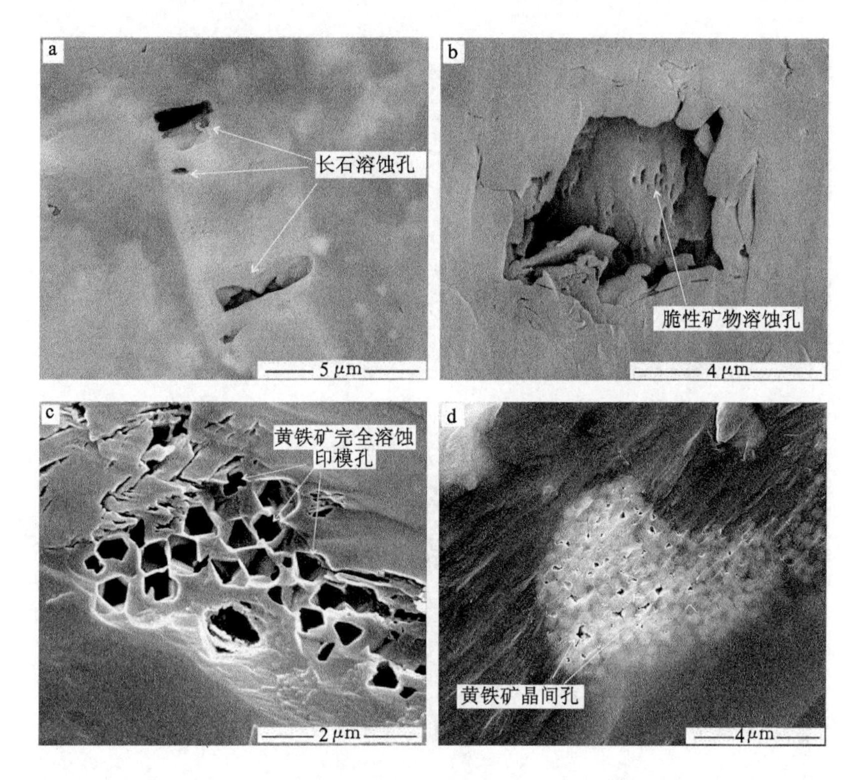

图 4-5 龙马溪组页岩粒内孔发育形貌特征

(a) 长石溶蚀形成溶蚀粒内孔;(b) 溶蚀孔孤立形成,连通性差;

(c) 黄铁矿完全溶蚀或溶蚀脱落形成印模孔;(d) 黄铁矿晶体间发育粒内孔

后期开发压裂过程中易形成诱导裂缝,使得孔隙互相交织沟通,有利于提高此类孔隙的渗流能力。该类孔隙可改造能力强,为后期页岩渗流重要通道。

(5) 粒间孔发育形貌特征

粒间孔主要为不同矿物接触边缘或同种矿物颗粒之间形成的孔隙。龙马溪组页岩粒间孔主要由石英、黏土矿物、长石和黄铁矿之间互相支撑接触形成[图 4-6(a),(b),(c)]。同时,薄片状或纤维状伊利石层间易发育明显的狭缝型或楔形粒间孔[图 4-6(d)],形成类似“纸房”结构,孔径为 50～300 nm 之间。总体而言,粒间孔通常形状以多角形、短线形或“之”形沿边缘展布,连通性较好,可以互相之间连通或连接有机质孔或粒内孔形成孔喉网络,在一定程度上具有微裂缝作用。该类孔隙另一大特点是受深埋应力作用影响明显,随深埋压实孔隙减少,孔隙展布往往具有一定的方向性。该类型孔隙发育最为普遍。

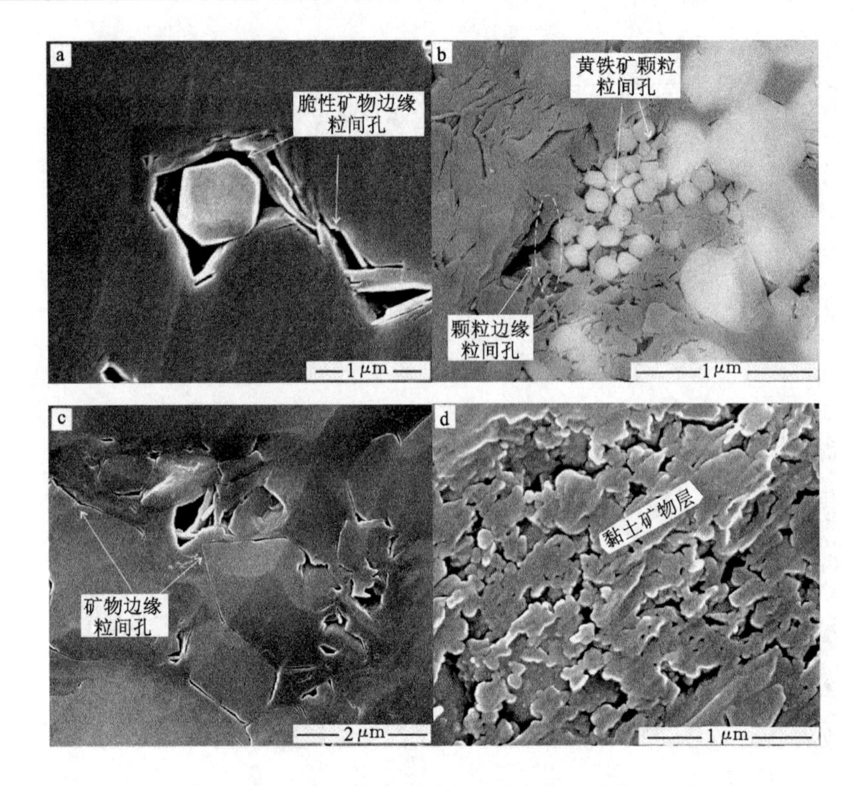

图 4-6　龙马溪组页岩粒间孔发育形貌特征

(a) 脆性矿物与黏土矿物接触边缘形成粒间孔；(b) 黄铁矿颗粒间形成粒间孔，
黄铁矿颗粒与黏土矿物接触边缘形成粒间孔；(c) 脆性矿物边缘发育粒间孔；
(d) 黏土矿物层间发育粒间孔，孔隙连通性较好

(6) 页岩微裂缝发育特征

微裂缝在页岩气赋存富集以及后期勘探开发中扮演重要的角色，不仅是游离气重要的赋存空间，同时也是页岩气重要的运移通道，是连接微观孔隙与宏观裂缝的桥梁。通过 SEM 扫描电镜发现页岩中微裂缝发育普遍，主要发育于颗粒内部和颗粒间两种类型。颗粒内部微裂缝主要包括有机质内生烃微裂缝、黏土层间微裂缝、脆性矿物溶蚀微裂缝[图 4-7(a)，(b)，(c)]。此类微孔缝一般较为平直，弯曲度较小，胶结物充填少，缝长范围为 2～20 μm，缝宽一般可达 200 nm 以上。颗粒间微裂缝主要包括构造微裂缝和脆性矿物粒缘缝[图 4-7(d)]，一般呈锯齿状弯曲，缝长一般为 5～15 μm，缝宽可达 50 nm 以上。微裂缝发育的层段，在后续压裂过程中易与压裂缝沟通形成微裂缝网络，从而改善致密页岩渗透性，成为页岩气运移的主要通道。

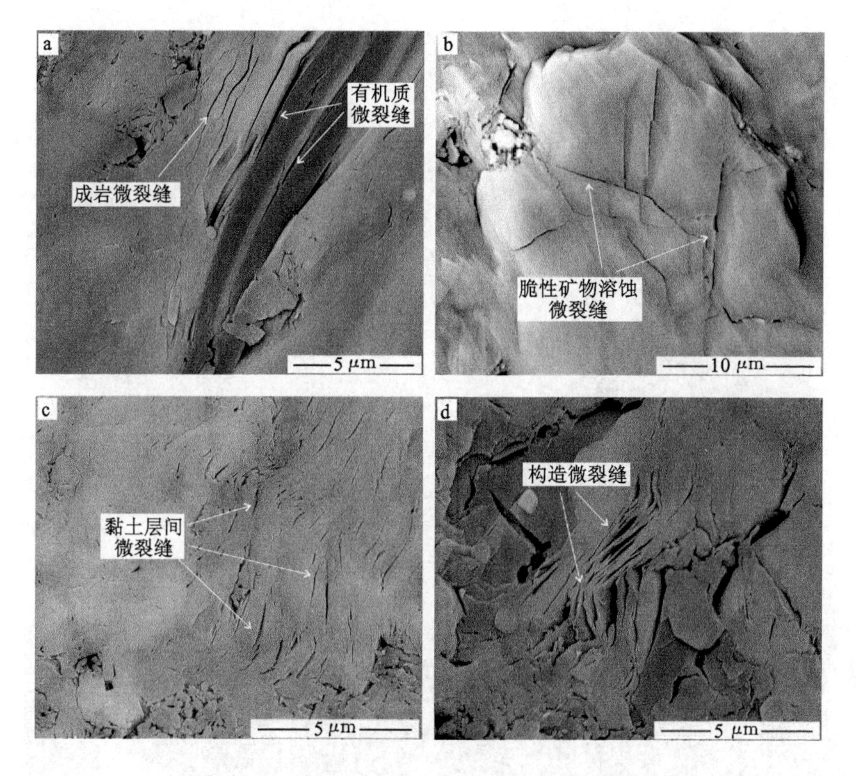

图 4-7 龙马溪组页岩不同成因微裂缝发育形貌特征

(a) 有机质生烃微裂缝与成岩微裂缝；(b) 脆性矿物溶蚀微裂缝；

(c) 黏土矿物层间微裂缝；(d) 骨架矿物中构造微裂缝

(7) 页岩层理缝发育特征

同时，在大量野外地质勘查与页岩样品采集处理过程中，发现相比上扬子区海相牛蹄塘组，同为下古生界的海相龙马溪组下段层理极为发育，层理的发育是否是两套页岩目前开采效果差异的重要原因之一，这个问题值得思考。层理在宏观尺度表现为颜色不一，较为致密(图 4-8)，而在微观尺度下，层理面上是否发育肉眼看不到的微孔缝，值得进一步研究。

本次研究为了讨论层理在微观尺度下的发育形态，特意选择垂直层面钻取样品，对垂直面进行氩离子抛光处理用于扫描电镜观测。随着放大倍率一步步增加，肉眼观测下一条条致密的层理，在纳米尺度下发育连通性极好的微裂缝，本书称之为层理(纹理)缝(图 4-9)。层理缝缝宽一般可达 100 nm 以上，分布连续，可连通层理缝附近其他类型孔隙，形成孔隙网络系统。基于此，推测平行于

图 4-8　龙马溪组(左)与牛蹄塘组(右)层理发育对比

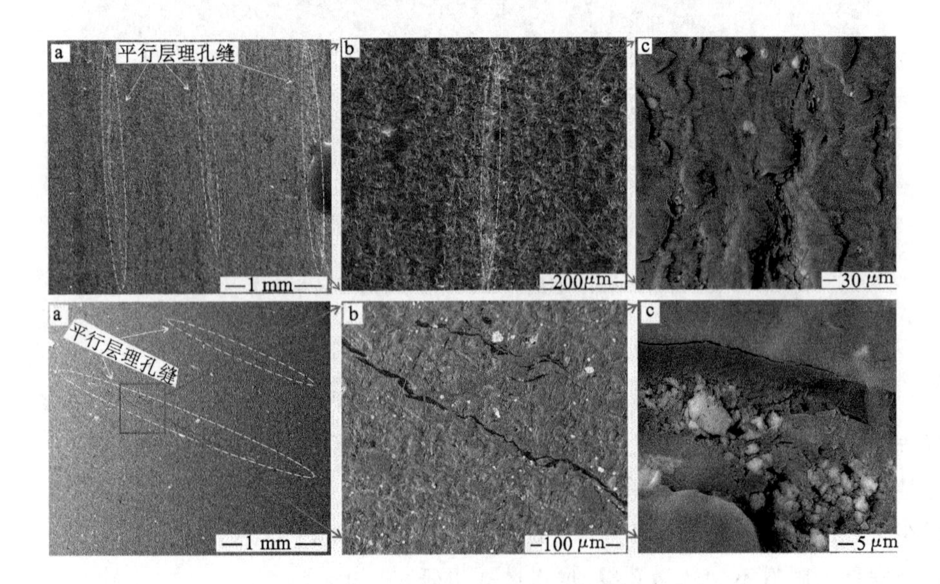

图 4-9　龙马溪组页岩层理缝发育形貌特征

层理发育的层理缝是一种重要的产气通道。同时后期页岩气开发过程中需要借助压裂技术来改造储层裂缝系统,来弥补基质渗透率不足,而层理缝本身有助于压裂造缝效果,提高页岩气产气量。南方古生界两套海相页岩层理发育的差别,极有可能是造成目前开采效果差异的原因之一。

通过对页岩微观孔缝结构形态的观察和成因描述，并基于孔隙的形貌学特征及产出方式，同时结合前人学者针对不同区域、不同类型页岩孔隙分类研究成果(Slatt and O′ Brien，2011；Loucks 等，2012；于炳松，2013)，将上扬子区下志留统龙马溪组页岩微观孔隙划分为有机质孔、粒内孔、粒间孔、微裂缝四大类11 小类(表 4-3)，且系统总结孔隙的成因、尺度区间以及发育特征。

表 4-3　研究区龙马溪组页岩常见微孔缝类型

孔隙类型		孔隙成因	尺度发育区间(参考 SEM)	特征简述
有机孔	古生物化石孔	生物原始骨架	50～500 nm	生物遗体中的空腔或与生物活动有关的产物
	有机质孔	有机质成熟生烃作用	5～300 nm	生烃后有机质收缩或烃类排出，常呈凹坑、蜂窝状
粒内孔	不稳地矿物溶蚀孔	溶蚀作用	80～600 nm	矿物易溶部分溶蚀形成的粒内孤立孔隙
	黄铁矿晶间孔	原生结构	5～200 nm	晶间微孔隙，连通性较差
粒间孔	骨架矿物边缘粒间孔	沉积成岩作用	30～300 nm	沉积时颗粒支撑接触形成
	黏土矿物层间孔		50～800 nm	黏土层间“纸房”结构
微裂缝	构造微裂缝	微观应力作用	150 nm～15 μm	呈锯齿状弯曲
	成岩收缩缝	成岩作用	100 nm～5 μm	定向排列现象明显
	溶蚀缝	溶蚀作用	100 nm～3 μm	分布局限，常被填充，连通性差
	有机质生烃微裂缝	有机质成熟生烃作用	30 nm～6 μm	受有机质分布限制，发育规模有限
	层理缝	沉积成岩作用	100 nm～10 μm	平行层理发育，连通性好

4.1.3　基于数值化孔隙形貌特征定量表征孔隙非均质特性

上扬子区龙马溪组页岩储层因经历深埋高热演化、强成岩作用及多期构造应力改造，导致不同类型孔隙形成与保存机制复杂，使得微观孔缝结构非均质极强，这为后期页岩气赋存富集机理研究和资源评价带来极大的困难。同时页岩中的气体吸附、解吸、扩散、渗流以及其他赋存运移机理各有不同，但是它们之间有一个共同点，即都受控于页岩孔隙表面与结构的非均质性(陈尚斌，2016)。因此，寻找一个合适的参数来表征孔隙表面与结构的非均质性，对深入研究页岩气成藏富集机理至关重要。而分形理论的提出很好地解决了这一难题，分形概念于1975年由法国数学家Mandelbort(1977)首先提出，现在已经成为分析孔结构、表面以及几何特征的一种有效工具(Yao等，2008；刘大锰等，2015)。分形理论中的重要参数分形维数D不仅可以描述页岩孔隙大小和分布均匀程度，而且可以描述页岩孔隙形态的复杂程度、不规则性。因此，分形维数成为定量描述页岩孔隙结构非均质性的重要参数(Yang等，2014；Zhang等，2014；Bu等，2015)。分形维数可以根据多种实验测试数据计算获取，主要包括高压压汞法(胡琳等，2013；王欣等2014)、图像分析(彭瑞东等，2011；徐祖新等，2014)、气体吸附(解德录等，2014；Yang等，2014；Wang等，2016)、小角度X射线衍射(宋晓夏等，2014)等。而同时由于高分辨孔隙图像获取数据更加直观、更便捷以及统计上更有代表性，因此被广泛用于定量表征孔隙分形维数。

通过4.1.2研究内容，借助FE-SEM揭示龙马溪组页岩不同类型形貌成因特征，本节进一步利用FE-SEM获得高分辨率孔隙图像，从图像分析角度，定量统计孔隙结构参数，从而评价孔隙非均质性特征。为了从FE-SEM图像中定量获取孔隙结构参数，本次研究借助专业图像处理软件Image-Pro Plus(IPP)，该软件是由美国Midia Cybernetics公司研发的一款强大的二维、三维图像采集、处理和分析软件。同时IPP软件可以提取不同区域、不同类型孔隙的周长、面积、孔隙数目等参数，十分便捷有效。

FE-SEM获取的高分辨图像为灰度图像，可识别出不同类型孔隙，为了从中定量获得孔隙结构参数，首先需要将孔隙与骨架区分开，即在灰度图像中把各类孔隙提取出来。而阈值分割是最常用的孔隙分割方法，该方法是基于灰度图像中孔隙周围像素的灰度值相近，而孔隙与骨架矿物之间像素的灰度值差异较大的特点。阈值分割主要分两步进行，首先是确定合理的阈值，也是最关键步骤，否则会造成提取的孔隙大小、形状、数量等都将产生较大偏差，然后是将图像中灰度值小于阈值的像素分割为孔隙，大于阈值的分割为背景。

假设$f(x,y)$表示图像的灰度值，则分割后的二值化图像为：

$$g(x,y)=f(x)=\begin{cases}0,f(x,y)>T\\1,f(x,y)\leqslant T\end{cases}\tag{4-1}$$

式中，$g(x,y)$为得到的二值化图像；T为确定的阈值。

基于上述步骤，将FE-SEM图像行孔隙分割后能得到不同类型孔隙的二值化图像，进一步利用Image-Pro Plus软件定量提取统计不同类型孔隙(有机质孔、粒间孔和粒内孔)结构参数信息，结合分形理论，计算获得孔隙分形维数。

根据前人研究成果，若研究样品图像中孔隙形态具有分形特征，则其孔隙面积和其等效周长与分形维数存在下列关系(Voss 等，1991)：

$$\lg P = \frac{D}{2}\lg A + C \tag{4-2}$$

式中，P、A 为图像中任意多边形的等效周长、等效面积；C 为常数；D 为图像对应孔隙形态的分维数。

利用扫描电镜图像，通过 Image-Pro Plus 专业图像分析软件，提取出识别的孔隙等效周长和面积(图 4-10)，将孔隙结构参数利用 Excel 绘制在双对数坐标中(图 4-11)，通过最小二乘法拟合获得直线，进一步利用直线的斜率计算得到不同类型孔隙的分形维数。

$$D = 2 \times K \tag{4-3}$$

式中　K——双对数坐标下拟合直线的斜率。

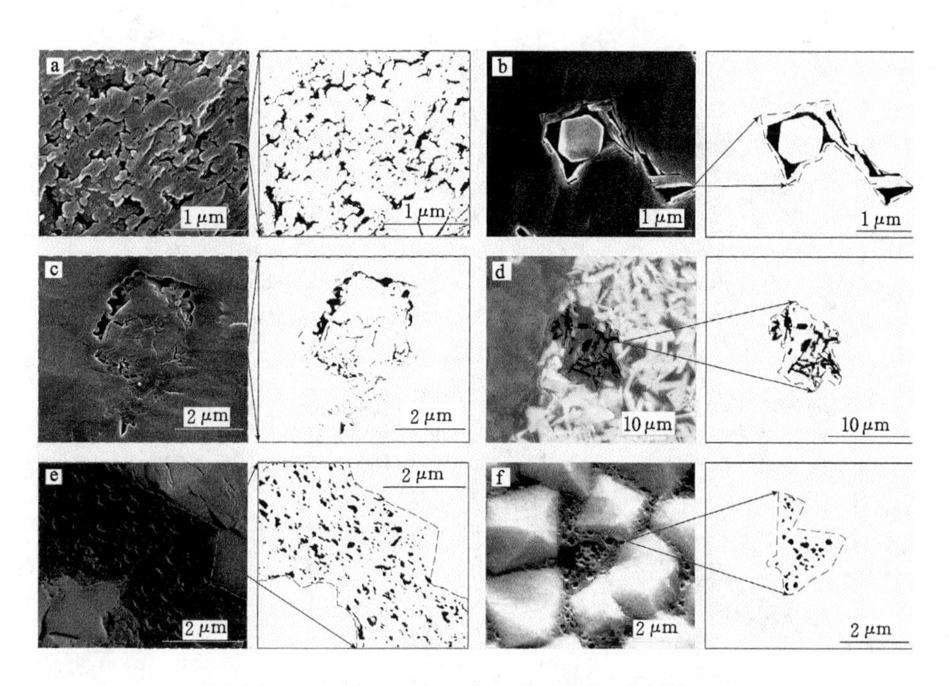

图 4-10　基于 Image-Pro Plus 软件提取不同类型孔隙

(a) LM-11，粒间孔；(b) LM-12，粒间孔；(c) LM-13，粒内孔；(d) LM-14，粒内孔；(e) LM-15，有机质孔；(f) LM-16，有机质孔

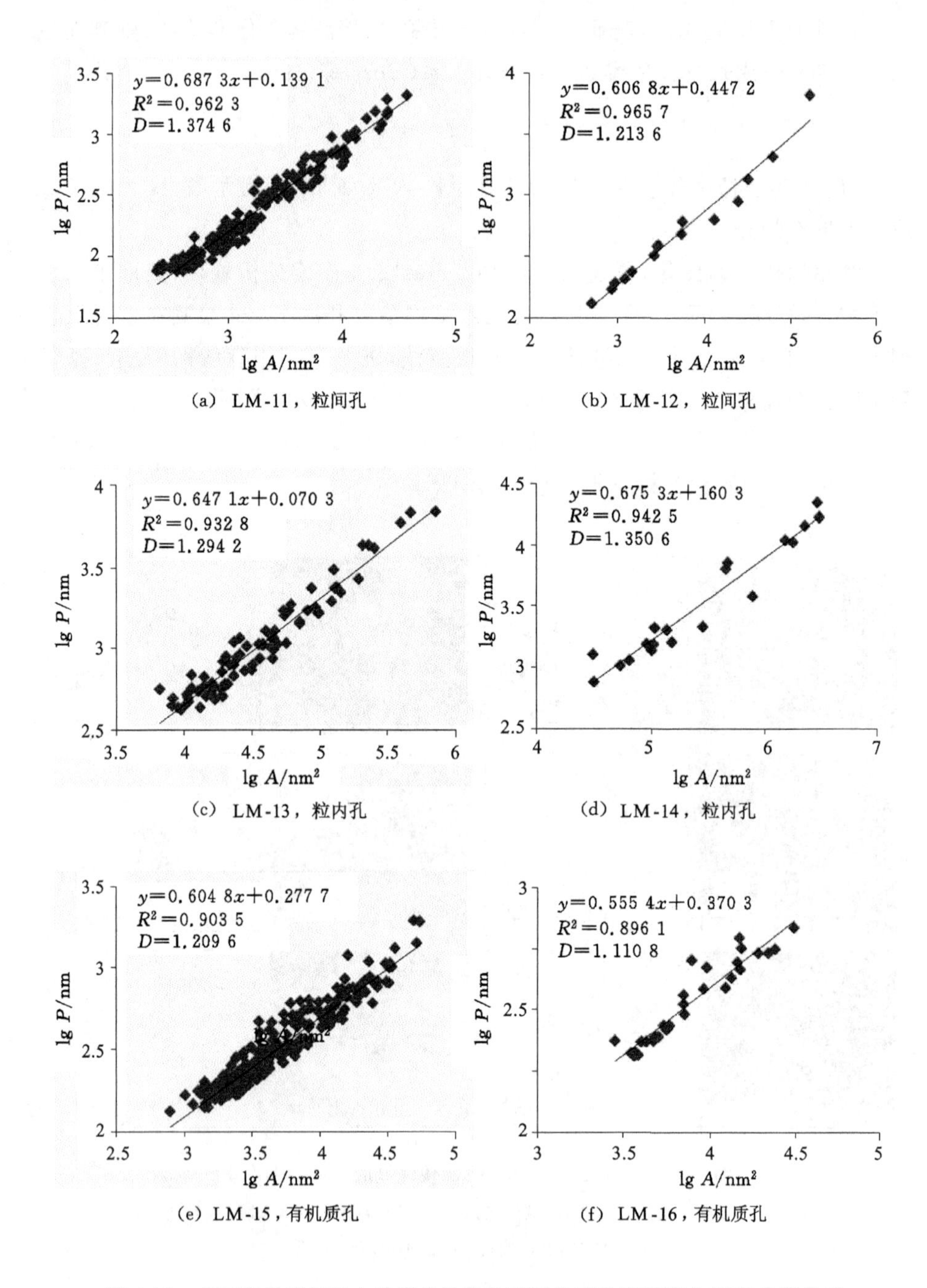

图 4-11 基于高分辨扫描电镜照片计算的不同类型孔隙周长与面积分形关系

基于龙马溪组高分辨扫描电镜照片的不同类型孔隙分形维数计算结果表明(表 4-4),页岩各类型孔隙发育形态自相似性均较强,具有显著的分形特征,分形维数 D 介于 1.110 8～1.374 6,相关系数介于 0.896 1～0.965 7。其中有机质孔分形维数 D 明显偏小,平均为 1.160 2,这表明页岩中有机质孔复杂程度相对粒间孔和粒内孔较为简单,孔隙发育非均质性也相对较小;结合扫描电镜镜下观察发现测试的龙马溪组有机质孔多发育呈蜂窝状、串珠状等形态的微纳米级孔隙(图 4-10),此类孔隙发育规模较小且形态相对规则,各孔隙之间发育特征均一。因此,有机质孔分形维数较低,孔隙发育相对简单均匀,有利于甲烷气体在有机质孔隙空间内沟通传输。粒间孔与粒内孔分形维数 D 明显偏大,平均值分别为 1.294 1 和 1.322 4,这表明粒间孔及粒内孔发育形态复杂程度较高。结合扫面电镜观测(图 4-10)分析认为,测试页岩粒间孔多为黏土矿物及脆性矿物颗粒不规则的相对赋存位置所构成的孔隙,孔隙发育规模较大但孔隙边缘形态复杂;粒内孔主要是长石、方解石等不稳定矿物受溶蚀作用形成的次生溶蚀孔隙,此类型孔隙发育规模及发育形态极不规则,这些原因致使粒间孔和粒内孔分形维数相对较大。粒间孔和粒内孔虽存在多个小孔喉相互连通,但由于非均质性较强,一定程度上造成对甲烷气体的赋存、运移限制。

表 4-4　基于高分辨扫描电镜照片的不同类型孔隙分形维数计算结果

样品编号	孔隙类型	统计数量	分形维数	相关系数
LM-11	粒间孔	167	1.374 6	0.962 3
LM-12	粒间孔	15	1.213 6	0.965 7
LM-13	粒内孔	78	1.294 2	0.932 8
LM-14	粒内孔	20	1.350 6	0.942 5
LM-15	有机质孔	239	1.209 6	0.903 5
LM-16	有机质孔	30	1.110 8	0.896 1

4.2 页岩微孔缝结构定量表征

前文利用扫描电镜测试手段对页岩孔隙形貌与成因进行了可视化描述与识别,同时镜下观测发现页岩孔隙孔径分布范围特别广,非均质性极强。定量测试孔径的方法很多,每种方法都有各自的优缺点,测量精度和范围都不一样,其中高压压汞、低温液氮吸附和二氧化碳吸附实验为目前运用最广也最为有效的测试方法。三种测试手段测试孔径范围不一，互有重叠，基于各自实验原理，都存在各自表征优势的孔径范围。因此，本次研究采用联合三类测试手段各自最优表征孔径段的方法，对孔隙实现定量全尺度精细表征。宏孔尺度孔隙采用高压压汞实验，介孔尺度孔隙采用低温液氮吸附法，微孔尺度孔隙采用二氧化碳吸附法。

4.2.1 宏孔尺度定量表征——高压压汞

(1) 测试方法

压汞实验采用美国 MICROMERITICS INSTRUMENT 公司的 Autopore 9510 型全自动压汞仪，最大进汞压力上限为 60 000 psia(相当于 413 MPa)，孔隙结构参数由 Washburn 公示计算(Washburn，1921)：

$$D=-\frac{4\gamma\cos\theta}{P} \tag{4-4}$$

式中，D 为孔隙直径；P 为注汞压力；γ 为表面张力，一般为 0.48 N/m；θ 为固体材料与汞的接触角，一般取 140°(Gregg and Sing，1982)。

根据公式可以看出，所测孔隙结构参数由 P 值决定，但注汞压力过高将会破坏页岩原生孔隙结构，使得孔隙结构测试结果出现偏差。部分学者建议压汞法测试表征范围取大于 50 nm，否则误差会较大(Clarkson 等，2012；田华等，2012；Kuila and Prasad，2013)。因此在讨论页岩中介孔以及微孔结构参数时，压汞数据只能作为一个参照。

(2) 孔隙率测试

孔隙率是评价页岩孔渗性的重要参数，本次研究针对龙马溪组 WX2 井岩芯样品测试表明(表 4-5)，龙马溪组黑色页岩孔隙率介于 0.32%～11.06%，平均达到 3.25%。相比于美国商业开发页岩 3%～14%的孔隙率(平均大于 4%)，研究区龙马溪组页岩孔隙率偏低。同时研究发现 WX2 井岩芯页岩孔隙率与 TOC 呈现显著的正相关性($R^2=0.876$)(图 4-12)，而统计加上露头新鲜样品测试结果整体正相关性有所减弱($R^2=0.656$)(图 4-13)，可能由于露头样品受到风化侵蚀，TOC 含量不够准确。总体而言，页岩孔隙率受 TOC 含量控制，TOC 含量高的底部层段孔隙率较中上段相对更高，也更有利于页岩气的赋存富集。

表 4-5　　WX2 井钻孔部分样品孔隙率

样品编号	采样深度 /m	TOC /%	总孔体积 /(cm³/g)	总孔比表面积 /(m²/g)	骨架密度 /(g/cm³)	体密度 /(g/cm³)	孔隙率 /%
WX-Y02	1 477.23	0.06	0.002 2	0.002	2.229 4	2.218 7	0.48
WX-Y03	1 486.27	0.05	0.002 1	0.002	2.225 7	2.215 6	0.45
WX-Y08	1 519.73	0.06	0.001 4	0.039	2.243 5	2.236 4	0.32
WX-Y12	1 529.93	0.17	0.008 6	1.833	2.228 4	2.204 5	1.07
WX-Y16	1 536.63	0.6	0.004 9	0.407	2.218 3	2.194 5	1.07
WX-Y19	1 545.80	2.29	0.007 1	1.672	2.211 9	2.177 8	1.54
WX-Y20	1 551.25	2.13	0.005 6	3.57	2.216 1	2.189 2	1.21
WX-Y24	1 558.04	2.36	0.015 7	4.537	2.204 5	2.130 6	3.35
WX-Y28	1 565.98	2.17	0.021 3	6.456	2.169 8	2.108 6	2.82
WX-Y33	1 574.89	2.84	0.017 4	3.026	2.209 8	2.128 2	3.69
WX-Y36	1 580.29	2.36	0.012 7	6.299	2.227 9	2.166 5	2.76
WX-Y42	1 601.50	3.73	0.015 9	5.497	2.133 5	2.063 5	3.28
WX-Y47	1 609.80	3.58	0.013 1	4.923	2.197 9	2.136 5	2.79
WX-Y50	1 615.00	6.05	0.013 4	4.199	2.208 3	2.109 2	4.49
WX-Y52	1 618.00	5.47	0.031 4	16.256	2.063 8	1.938 4	6.08
WX-Y55	1 623.20	8.00	0.027 9	14.605	2.055 6	1.944 2	5.41
WX-Y58	1 630.00	12.91	0.058 4	25.137	2.129 4	1.893 9	11.06

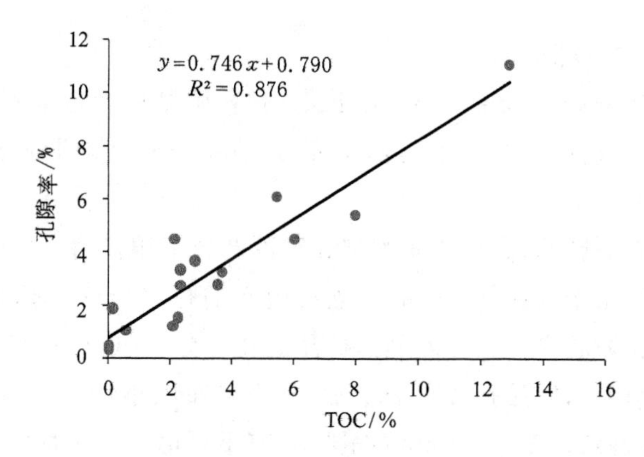

图 4-12　钻孔岩芯样品孔隙率与 TOC 相关性分析图

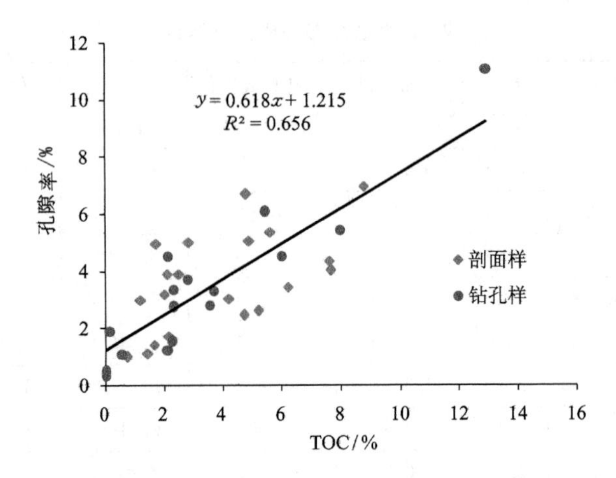

图 4-13　实验测试样品孔隙率与 TOC 相关性分析图

(3) 孔容与比表面积

页岩储层中孔容与孔比表面积大小及分布特征直接关系到游离气与吸附气的赋存空间，是计算推导有利区页岩气资源量的重要参数。根据高压压汞实验数据，研究区龙马溪页岩总孔容介于 0.001 4～0.058 4 cm^3/g 之间，平均达 0.015 2 cm^3/g；页岩孔比表面积介于 0.002～25.137 m^2/g，平均值为 5.792 m^2/g。值得注意的是，压汞实验在高压段由于高压注入存在对样品人为破坏的可能，高压段部分介孔测试结果的可靠性存在疑问，所以高压压汞测试数据对宏孔表征结果较为可靠，介孔与微孔的孔容与孔比表面积还需要借助其他手段进一步研究。

(4) 孔径分布特征

孔径分布(pore size distribution，PSD)是孔隙结构参数的重要参数之一，对于页岩、煤和致密砂岩等非常规储层而言，直接影响到前期资源评价以及后期勘探开发效率。

受最大压力的影响，高压压汞测定孔隙的孔径下限值为 3 nm，因此高压压汞测试结果主要用于表征部分介孔与宏孔范围的孔隙分布。图 4-14 和图 4-15 分别为部分钻孔岩芯样品和野外剖面样品的孔径分布曲线，深部钻孔岩芯样品孔径分布曲线与剖面样品孔隙分布类似，孔隙分布以小于 200 nm 的宏孔与介孔为主要孔径，特别是 5～100 nm 的孔隙占有重要比例。同时部分样品也含有少量大于 30 μm 的宏孔。

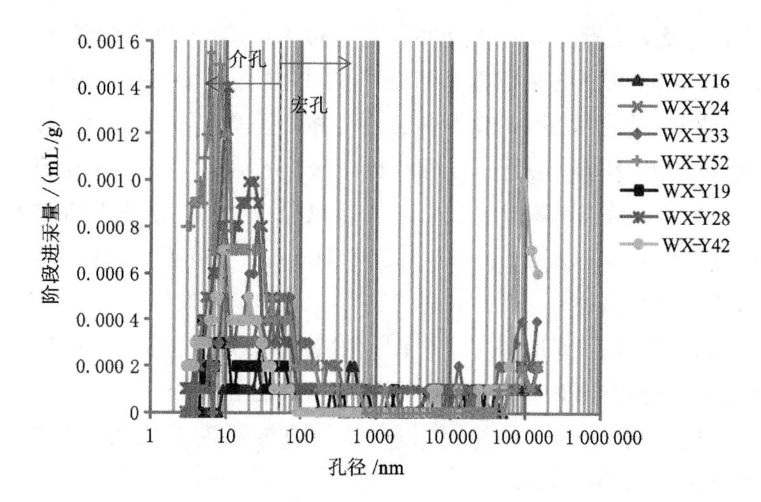

图 4-14 WX2 井龙马溪组样品压汞孔径分布曲线

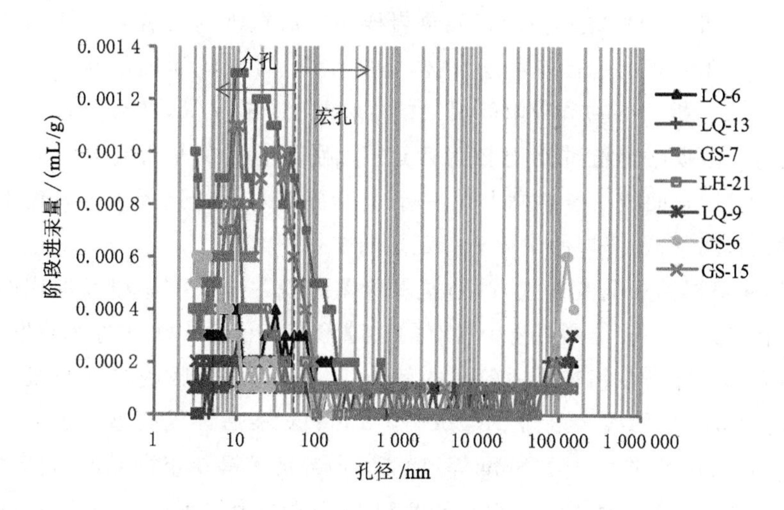

图 4-15 野外剖面新鲜露头样品压汞孔径分布曲线

4.2.2 介孔结构定量表征——低温低压液氮吸附

（1）测试方法

低温液氮吸附法可以有效地表征材料中纳米孔隙结构参数，是目前研究富有机质页岩孔隙结构的首选方法（Ross and Bustin，2009；Mastalerz 等，2012；Clarkson 等，2013）。低温液氮吸附实验采用美国 Quantachrome 公司生产的 Autosorb-iQ 全自动比表面和孔径分布分析仪进行。为了消除样品中自由水以及杂质气体,在氮气吸附实验测试前,所有样品都经过 4 h 150 ℃抽真空预处理。

低温液氮吸附实验是在低温条件下(77.35 K),相对压力(p/p_0)范围为 0.001～0.998 内,先后完成 N_2吸附和脱附分析。一般选用液氮吸附分支曲线计算孔隙比表面积、孔容、孔径分布等参数(Chalmers 等,2012;Tian 等,2013)。具体各个结构参数的计算模型、推导原理以及适用范围前人有详细介绍(Brunauer 等,1938;Gregg and Sing, 1982;Harkins and Jura, 1994; de Boer 等,1966),这里不再赘述。

本次研究对研究区 WX2 井 22 个钻孔岩芯样品开展液氮吸附实验。按国家标准对样品进行取样、破碎和筛分,经玛瑙研钵磨至 40～60 目粉末,样品处理过程中尽可能多次过筛,从而避免由于不同成分硬度差异而导致的粒径差异,最终取样 2～3 g 用于测试。

(2) 液氮吸附/脱附等温线与孔隙结构

图 4-16 是研究区龙马溪组代表页岩样品的液氮吸附与脱附曲线。各样品的吸附曲线在形态上略有差别,但整体呈反 S 形,对比国际理论与应用化学联合会(IUPAC)提出的物理吸附等温线的六种类型(Sing 等,1985),页岩液氮吸附曲线与Ⅳ型吸附等温线形态较为接近;吸附曲线前段表现出缓慢上升的特点,略向上微凸,曲线后段急剧上升,一直持续到相对压力接近 1.0 时也未呈现出吸附饱和现象,表明样品中含有一定量的中孔和大孔。

同时,根据前人研究表明,通过液氮吸附和脱附曲线类型以及形成的滞后回线形状可以进一步推测页岩中含有的孔隙形态特征。本次通过实验发现,龙马溪组大部分样品在相对压力较高的部分($p/p_0>0.4$),吸附曲线与脱附曲线不重合,形成滞后回线。根据 De Boer 等(1966)对滞后回线类型的五分法或者 IUPAC 的四分法(图 4-16)(Sing 等,1985),研究区龙马溪组样品滞后回线主要存在两种类型。第Ⅰ类型:以 WX-Y08 和 WX-Y16 为代表(图 4-17),曲线特征表现为,吸附分支在饱和蒸汽压处很陡,脱附曲线与吸附曲线类似,在饱和蒸汽压处陡峭,且吸附与脱附曲线趋于重合,二者之间形成滞后回线窄小。该类曲线与 IUPAC 提出的 H3 型接近,兼有 H4 型特征,表明龙马溪组页岩储层中含大量纳米级孔隙,且内部结构具有平行壁的狭缝状孔、楔状半封闭孔为主以及墨水瓶孔特征,该类孔隙在前文扫描电镜中观测下多为脆性矿物溶蚀形成粒内孔。第Ⅱ类型:以 WX-Y33 和 WX-Y50 为代表(图 4-17),表现为吸附分支在饱和蒸汽压处较陡,而脱附分支在中等相对压力处陡峭,形成较为宽大的滞后回线,该类曲线与 IUPAC 提出的 H2 型接近,兼有 H1 与 H3 型特征,表明孔隙形态主要以四周开放的平行板状孔与两端开放的管状孔为主。该类孔隙在前文扫描电镜观测中对应黏土矿物粒间孔以及有机质生烃形成类管状孔。

当然,需要注意的是,页岩中孔隙结构十分复杂,非均质性极强,形态各异,不可能有完全均一的结构,产生的滞后回线是几个标准回线的叠加,也是样品复杂孔隙形态的综合反映。

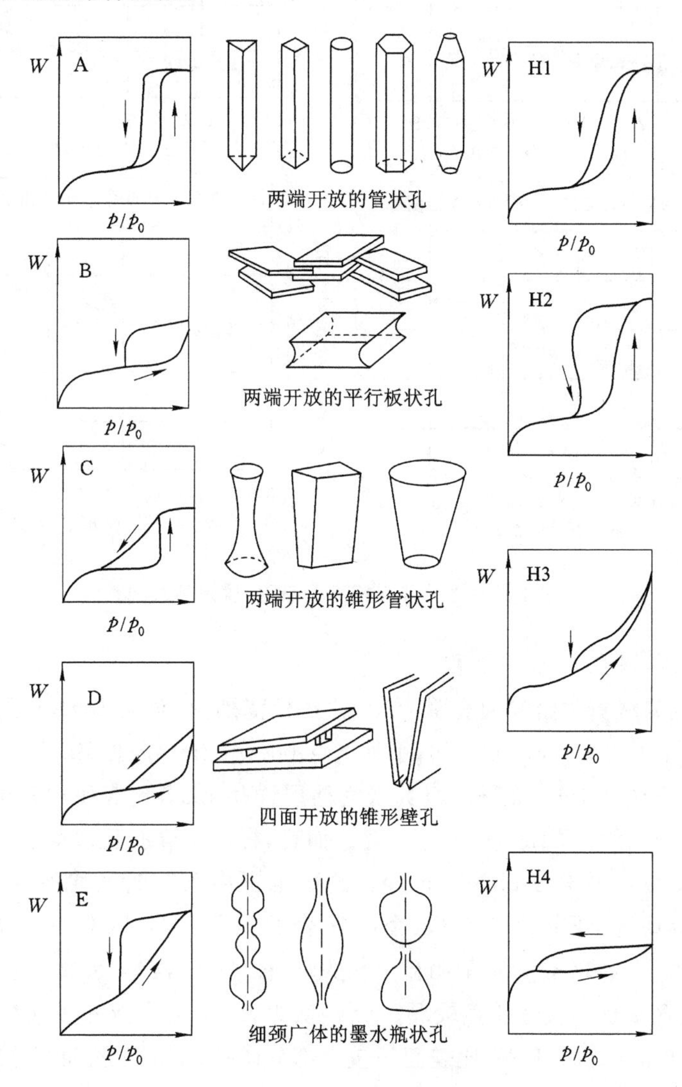

图 4-16 De Boer(左)及 IUPAC 推荐(右)脱附回线分类

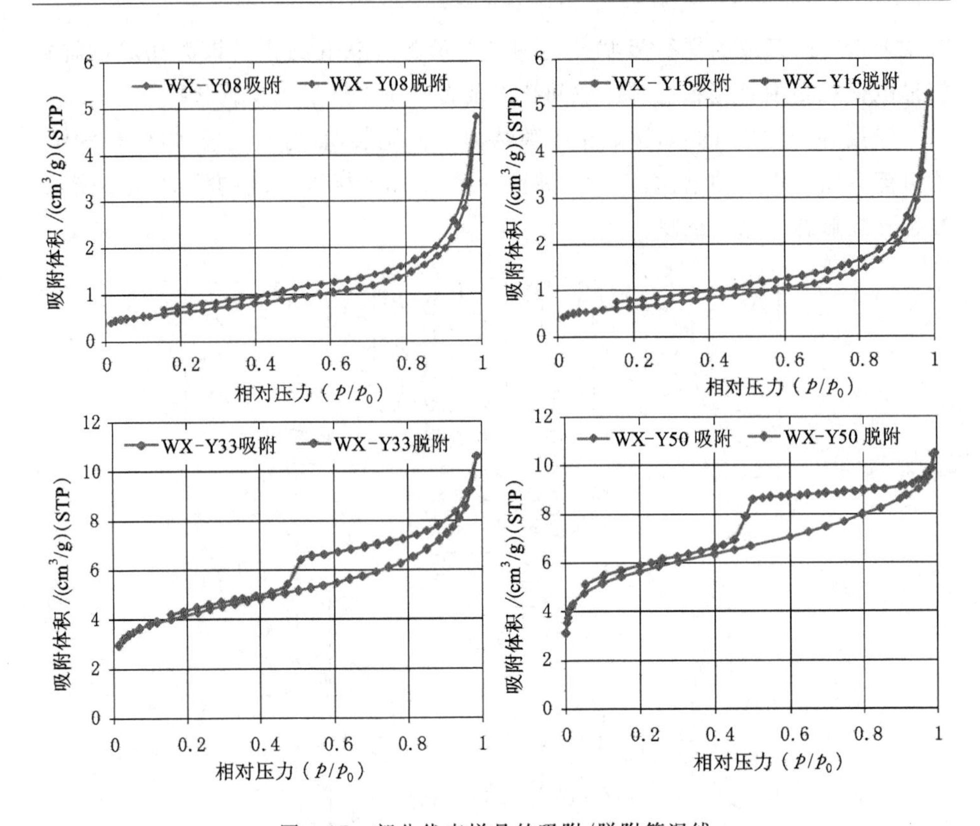

图 4-17　部分代表样品的吸附/脱附等温线

(3) 孔容与 BET 比表面积

通过低温液氮吸附实验表明，在测试孔径范围内，页岩 BJH 介孔孔容介于 0.002 78～0.012 33 cm^3/g 之间，平均达 0.007 24 cm^3/g；据 BET 模型，计算样品总比表面积(表 4-6)，龙马溪组页岩气储层样品 BET 比表面积介于 2.233～33.400 m^2/g，平均约 12.544 m^2/g；对比而言，样品中介孔比表面积介于 1.866～12.090 m^2/g，平均约 6.062 m^2/g。测试范围内孔径的平均值为 6.88 nm。进一步分析页岩 BET 比表面积、介孔比表面积分别与 TOC 的相关性，样品 BET 比表面积与 TOC 含量呈明显正相关性(图 4-18)，相关系数大于 0.9，而介孔与 TOC 含量正相关性明显较弱。分析认为，由于本次液氮吸附测试孔径介于 1.4～200 nm 之间，BET 比表面积包含部分微孔、全部介孔和部分宏孔段，同时由于宏孔对比表面积贡献可忽略，所以从 BET 比表面积与 TOC 良好的正相关性可以推测，BET 比表面积中微孔部分贡献的比表面积与 TOC 含量存在非常好的正相关性。所以，进一步系统研究微孔结构对认识页岩储层特征具有重要意义。另一方面，通过分析不同埋深样品的平均孔径发现，页岩平均孔径随着埋深的增加减少明显，达到一定深度以后孔径变化不大(图 4-19)。

表 4-6　　龙马溪组钻孔样品液氮实验数据表

样品编号	采样深度/m	TOC/%	BJH 介孔体积/(cm^3/g)	BET 比表面积/(m^2/g)	介孔比表面积/(m^2/g)	平均孔径/nm
WX-Y02	1477.23	0.06	0.005 53	2.774	2.737	22.21
WX-Y03	1 486.27	0.05	0.002 97	3.492	2.345	12.04
WX-Y08	1 519.73	0.06	0.003 87	2.233	1.986	13.35
WX-Y12	1 529.93	0.17	0.003 12	4.054	2.575	11.35
WX-Y16	1 536.63	0.60	0.002 78	2.463	1.866	10.17
WX-Y19	1 545.80	2.29	0.008 62	14.485	8.593	4.52
WX-Y20	1551.25	2.13	0.003 90	12.960	3.474	3.40
WX-Y23	1 556.68	2.27	0.006 61	12.050	5.884	4.217
WX-Y24	1558.04	2.36	0.008 42	9.133	5.860	8.06
WX-Y28	1565.98	2.17	0.008 67	9.875	6.161	7.84
WX-Y31	1 570.67	2.76	0.006 77	12.860	6.223	3.92
WX-Y33	1 574.89	2.84	0.008 26	11.730	5.419	5.56
WX-Y36	1 580.29	2.36	0.006 88	6.770	4.644	8.95
WX-Y39	1 585.44	2.79	0.007 61	13.770	4.156	3.01
WX-Y41	1 588.63	3.58	0.009 79	15.620	8.833	4.111
WX-Y42	1 601.50	3.73	0.010 93	15.780	8.630	6.04
WX-Y44	1 605.00	3.54	0.008 03	16.540	7.511	3.69
WX-Y47	1 609.80	3.58	0.007 94	15.810	7.400	4.03
WX-Y50	1 615.00	6.05	0.007 85	18.570	7.670	3.51
WX-Y52	1 618.00	5.47	0.009 81	17.443	10.575	4.21
WX-Y55	1 623.20	8.00	0.008 52	24.150	8.740	3.35
WX-Y58	1 630.00	12.91	0.012 33	33.400	12.090	3.80

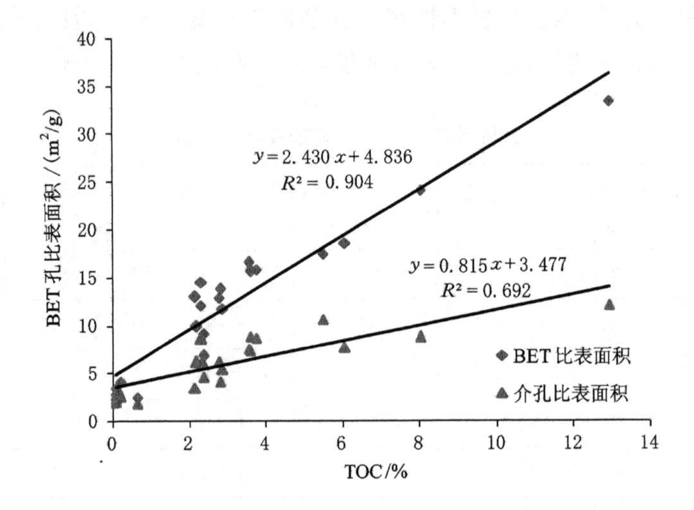

图 4-18　龙马溪组钻孔样品 BET 比表面积与 TOC 相关性

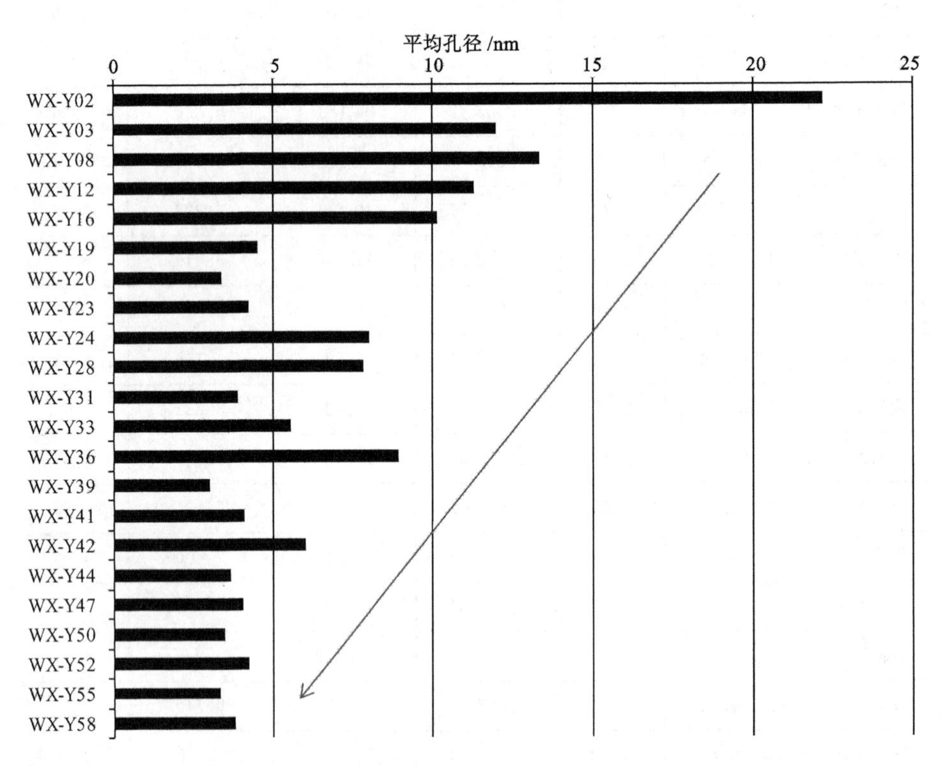

图 4-19　龙马溪组页岩样品平均孔径随埋深变化趋势

(4) 孔径分布

针对低温液氮吸附数据表征页岩孔径分布特征,学者们基于不同假设提出多种计算模型,其中较常用的有 BJH 模型,密度泛函理论(DFT)模型、非定域密度函数理论(NLDFT)和淬火固体密度泛函理论(quenched solid density function theory,QSDFT)模型等。对比而言,经典 BJH 模型是基于 Kelvin 方程推导得到,是以孔隙毛细管凝聚为基础,可以应用于介孔分布分析,但不适用于微孔填充的描述。N_2吸附法的实验原理以及 BJH 模型的计算原理决定了该技术难以用于精确表征多孔材料中微孔和宏孔结构,进一步导致对孔径表征结果可靠性存疑。其他经典理论,如 DR 模型,仅致力于描述微孔填充而不能应用于中孔-宏孔分析。鉴于此,如果一个材料既含有微孔又含有介孔,准确高效地获得材料的孔径分布图就显得较为困难。

得益于近二十年来计算机技术的迅猛发展,更先进的孔径分析方法,基于分子统计热力学的密度泛函理论(density functional theory,DFT)被提出来了。在此基础上,非定域密度函数理论(NLDFT)和计算机模拟方法(如分子动力学和 Monte Carlo 仿真)已逐渐成为表征多孔材料孔隙结构的有效方法。这些方法能精确表征孔隙结构,即如描述受限于某些如狭缝孔、圆柱形和球形等简单几何形体的流体结构。但是 NLDFT 理论是基于假设碳材料都具有平滑的、无定形的石墨状孔壁,与真实的多孔材料表面存在一定的差距,因此其拟合计算的等温线与实际测得的实验等温线拟合误差较大。在 2006 年,淬火固体密度泛函理论(QSDFT)被提出,与以前的 NLDFT 模型假设扁平、无结构、石墨孔壁相反,QSDFT 方法首次将表面粗糙度和各向异性的影响考虑在内,进一步提高了对多孔材料中微孔-介孔的表征精度,能同时表征微孔和介孔尺度孔隙,且对于微孔的表征更加准确(Ravikovitch 等,2006;Neimark 等,2009;杨侃等,2013)。总体而言,经典 BJH 模型以及近年来发展迅速的 QSDFT 模型是目前在非常规储层孔隙研究中常用的表征模型,针对 N_2等温吸附法的特点及样品本身结构特征,本次研究选取 BJH 模型以及 QSDFT 模型表征样品的孔径分布。

同时需要注意的是,孔径分布可以基于不同理论模型,通过不同数学表达式推导图示表现出来,每种方式都具有各自的优缺点。通常 N_2吸附实验常用的表示孔径分布的方式有如下几种:① 阶段增加孔体积(incremental pore volume)/孔径图;② 累计孔体积(cumulative pore volume)/孔径图;③ 微分孔体积(differential pore volume,dV/dW)/孔径图;④ 对数积分孔体积(log differential pore volume, dV/dlg(W)/孔径图(Clarkson 等,2012;Kuila 等,2013;Tian 等,2103)。阶段增加孔体积与累积孔体积未经过任何数学换算,是孔径分布图鉴中最无偏的一种(Diamond,1970),但其缺点也很明显,就是不能直观展示每个孔径段孔隙的相对富集情况。而 dV/dW 可以理解为是该曲线各点的微分。在等温吸附线上,某一压力区间的吸附曲线越陡峭,代表该孔径段的 dV/dW值越大,也就说明这个分压区间孔径分布越集中,为页岩优势孔径段。因此,N_2等温吸附 dV/dW 孔径分布图可以表征样品的优势孔径段,也就是说,dV/dW 曲线可以用于表征孔隙分布的集中程度;而 dV/dlg(W)曲线可以由 $dV/dlg(W)=ln10\times(dV/dW)\times W$ 公式计算得到,主要用来分析不同孔径孔隙对总孔体积和总比表面积的贡献率(Meyer 等,1999)。本次研究选用在页岩储层孔径分布时最为常用的微分孔体积/孔径图(dV/dW)。

研究区部分页岩样品 dV/dW 孔径分布图见图 4-20。从 BJH 模型得出 dV/dD 孔径分布图来看,研究区龙马溪组页岩样品孔径主要位于微孔段和部分介孔段,整体以小于 10 nm 左右的孔最为富集。

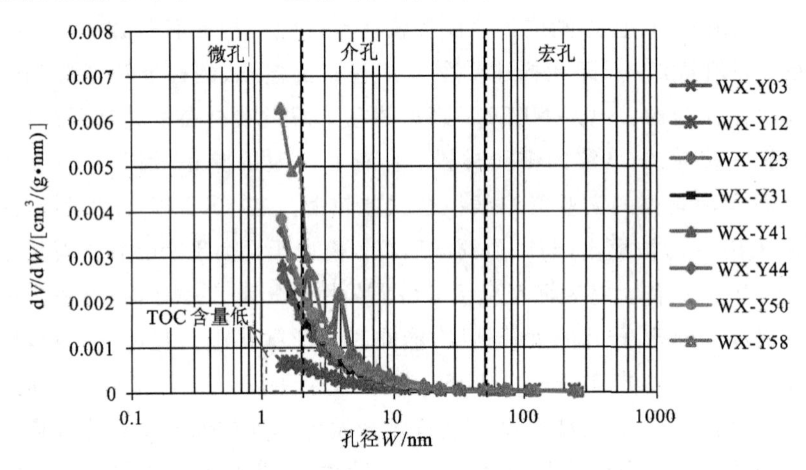

图 4-20 基于液氮吸附曲线 BJH 模型的页岩孔径分布

进一步分析发现,根据 dV/dW 分布曲线,可将页岩样品分为两种类型,对应不同的孔隙结构。

a 类:以样品 WX-Y41 和 WX-Y58 为代表,孔径呈一个主峰和一个次峰双峰形态,微孔占绝对优势,且含有 4～5 nm 的介孔峰,该类样品普遍具有高 TOC 含量、低黏土矿物含量,TOC 一般大于 3.5%。这说明有机质对微孔和窄介孔贡献较大,该类样品以有机质生烃演化形成微孔-窄介孔为主。

b 类：以样品 WX-Y03 和 WX-Y12 为代表，孔径分布呈宽缓单峰形态，较其他测试样品，微孔发育程度明显减少，介孔一定程度发育，变化不大。该类样品最大特点是有机质含量很低，一般低于 1%，同时黏土矿物含量较高。显然，低有机质丰度的样品无法提供大量的有机质生烃产生的微孔，黏土矿物提供了部分微孔与主要介孔。

其余部分样品介于 a 类与 b 类之间，以有机质与黏土矿物为主体提供了大量的微孔-介孔孔隙，构成复杂的孔隙网络系统。

此外，在扫描电镜下发现页岩样品中孔隙形态复杂多样，与 BJH 模型计算时假设的孔隙形态不可能完全相符，孔径从微孔段至宏孔段均有分布，亦会带来一定的误差。为了进一步准确使用液氮吸附表征孔径分布，本次研究同样使用了 QSDFT 模型表征孔径分布，可更好地与 BJH 模型结果进行对比分析。

从图 4-21 中直观地看到，基于 QSDFT 模型得出 dV/dD 孔径分布图普遍存在 3 个峰，分别位于 1～1.8 nm，2～4 nm 和 6～8 nm 之间，表明在这三个孔径范围内的孔隙占有重要比例。与 BJH 模型计算结果相比，QSDFT 模型表征孔径范围较窄，介于 1.2～50 nm 之间，覆盖部分微孔和介孔，但精度更高，发现样品孔隙孔径发育更为复杂，除了含有大量微孔外，6～8 nm 左右的介孔也同样占有重要比例。

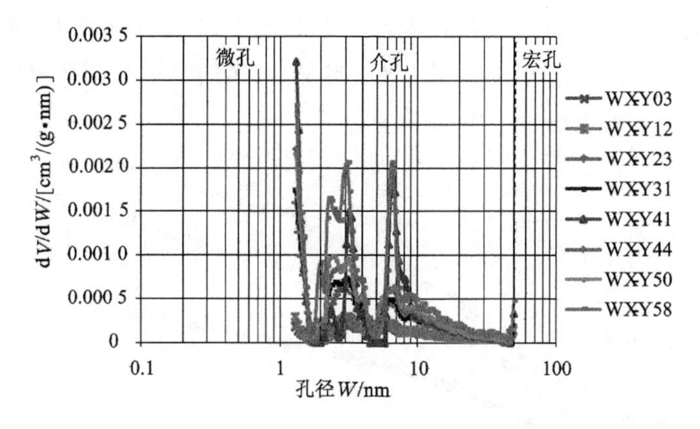

图 4-21 基于液氮吸附曲线 QSDFT 模型的页岩孔径分布曲线

4.2.3 微孔结构定量表征——低压二氧化碳吸附

通过 4.2.2 系统讨论液氮吸附表征页岩孔隙孔径分布，可以发现无论使用 BJH 模型或者 QSDFT 模型，其表征最小的孔径限于 1.2 nm 左右，无法覆盖全部微孔范围。究其原因，低温使得 N_2 分子缺乏足够的热能而难以完全进入狭窄的微孔中(Ross and Bustin,2009;Clarkson and Bustin,1996),而未被表征的微孔对于页岩气赋存状态以及富集程度影响显著。为了实现对微孔尺度孔隙全覆盖研究,在对样品进行低温 N_2 吸附实验基础上,同时采用 CO_2 取代 N_2 作为吸附质。

(1) 测试方法

二氧化碳吸附同样采用美国 Quantachrome 公司生产的 Autosorb-iQ 全自动比表面和孔径分布分析仪完成。在实测相对压力范围为 $1\times10^{-5}\sim3.2\times10^{-2}$ 内,采用 Dubinin-Radushkevich(DR)模型可以计算获得微孔孔容、微孔比表面积(Dubinin, 1989; Clarkson and Bustin, 1996; Ross and Bustin, 2009; Chalmers 等,2012):

$$V_a = V_{micro}\exp\left[-\left\{\left(\frac{RT}{\beta E_0}\right)\ln\frac{p_0}{p}\right\}^2\right] \tag{4-5}$$

式中,V_{micro} 为样品微孔体积;V_a 为平衡条件下的吸附体积;R 为理想气体常数;T 为绝对温度;E_0 为吸附势;β 为一常数。样品微孔孔径分布一般采用密度函数模型(DFT)计算获得(Mastalerz 等, 2013;Wang 等,2014)。

(2) 二氧化碳吸附曲线

研究区龙马溪组页岩样品的 CO_2 吸附等温线(图 4-22)呈现 Type I 型特征,反映页岩中发育大量微孔尺度孔隙,同时发现 TOC 含量越大,样品最大吸附量也越大。其中 WX-Y16 号样品吸附量最小,表明该样品微孔较少,对应的,

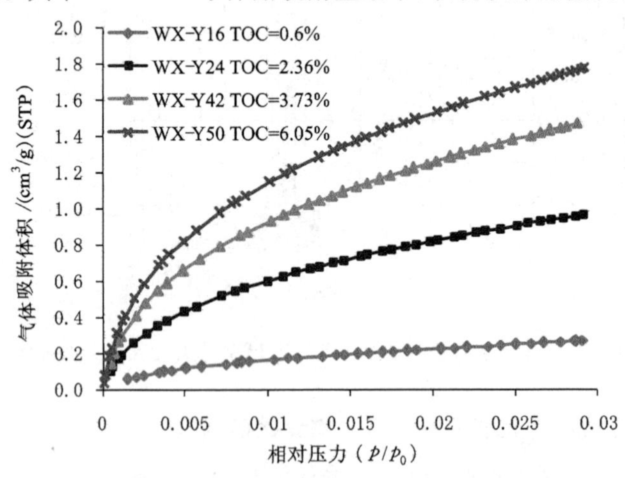

图 4-22 页岩二氧化碳低压吸附等温线

其 TOC 含量也确实最低，只有 0.6%。同时需要注意的是，由于实验中最大平衡压力远小于 CO_2 在 273.15 K 条件下的饱和蒸气压，所以在最大相对压力处的 CO_2 吸附量不能直接用来计算微孔结构参数。结合前人研究，一般采用 DR 模型处理 CO_2 吸附数据得到微孔孔体积以及比表面积。

(3) 微孔表面积与体积

对所选上扬子区龙马溪组钻孔样品 DR 微孔体积和 DR 微孔比表面积分析，结果见表 4-7。样品 DR 微孔孔体积介于 0.000 86～0.015 02 cm^3/g，平均值为 0.004 20 cm^3/g；DR 微孔比表面积介于 2.567～45.070 m^2/g，平均达 12.446 m^2/g。通过分析页岩微孔比表面积与 TOC 相关性表明，样品微孔比表面积与 TOC 含量呈明显正相关关系(图 4-23)，相关系数 R^2>0.95，证实了上节通过液氮实验推测 TOC 对微孔发育的控制作用。

表 4-7　　龙马溪组钻孔样品二氧化碳吸附实验数据表

样品编号	TOC /%	DR 微孔孔体积 /(cm^3/g)	DR 微孔比表面积/(m^2/g)	微孔平均孔径 /nm
WX-Y02	0.06	0.000 91	2.735	0.850
WX-Y03	0.05	0.000 86	2.567	0.840
WX-Y08	0.06	0.001 33	3.749	0.548
WX-Y12	0.17	0.001 85	5.549	0.854
WX-Y16	0.60	0.001 22	3.644	0.972
WX-Y19	2.29	0.002 71	7.629	0.548
WX-Y20	2.13	0.002 52	7.103	1.511
WX-Y23	2.27	0.003 61	10.840	0.857
WX-Y24	2.36	0.003 28	9.847	0.841
WX-Y28	2.17	0.003 09	9.271	0.848
WX-Y31	2.76	0.003 95	11.850	0.855
WX-Y33	2.84	0.002 22	6.247	1.264
WX-Y36	2.36	0.002 66	7.964	0.852
WX-Y39	2.79	0.002 72	7.652	1.440
WX-Y41	3.58	0.004 39	13.170	0.854
WX-Y42	3.73	0.004 99	14.960	0.836
WX-Y44	3.54	0.005 38	16.130	0.888

续表 4-7

样品编号	TOC /%	DR 微孔孔体积 /(cm^3/g)	DR 微孔比表面积/(m^2/g)	微孔平均孔径 /nm
WX-Y47	3.58	0.005 26	15.770	0.864
WX-Y50	6.05	0.006 34	19.020	0.852
WX-Y52	5.47	0.008 05	22.650	0.479
WX-Y55	8.00	0.010 13	30.390	0.875
WX-Y58	12.91	0.015 02	45.070	0.821

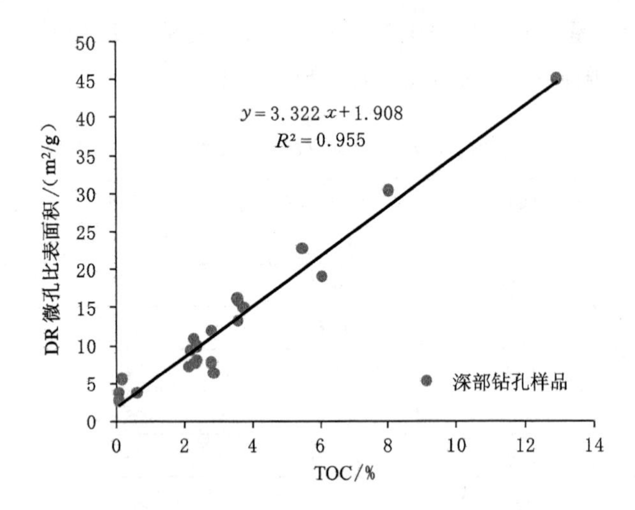

图 4-23　龙马溪组钻孔样品 DR 微孔比表面积与 TOC 相关性

(4) 孔径分布

根据 DFT 模型对研究区龙马溪组页岩微孔孔径分布进行系统表征,结果发现页岩发育大量微孔,孔径分布类似,普遍存在 3 个峰值(图 4-24),主要介于 0.35～0.40 nm、0.42～0.70 nm 和 0.75～0.95 nm,表明以上孔径尺度范围内微孔发育丰度最大。同时需要注意的是,以 WX-Y03 和 WX-Y12 为代表的有机碳含量较低的样品,其孔径分布峰值普遍较低,代表着其微孔孔隙丰度远远低于高有机碳含量的样品。

4.2.4　联合高压压汞-液氮吸附-二氧化碳吸附综合表征孔隙结构

前几章节分别利用高压压汞、低温液氮和二氧化碳吸附三种不同测试手段对龙马溪组页岩孔隙结构进行系统表征。三种方法由于各自测试原理以及应

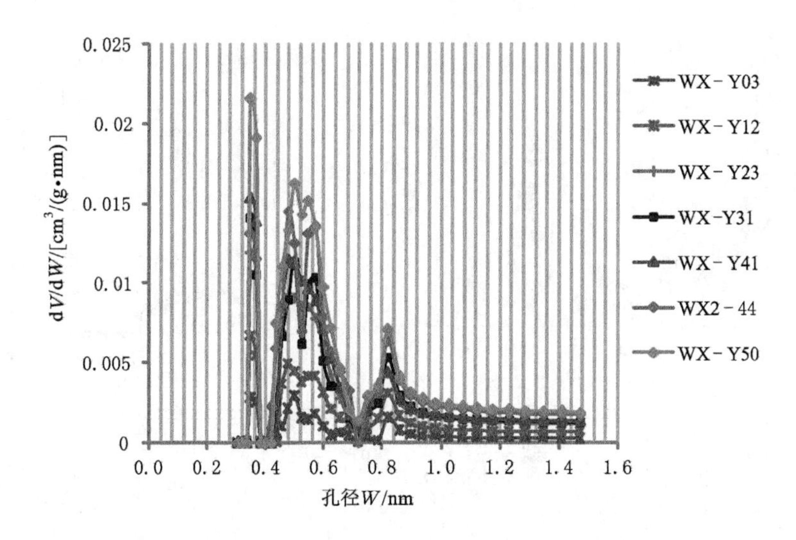

图 4-24 二氧化碳吸附表征页岩微孔孔径分布图

用模型的不同，对不同孔径范围孔隙测试效果不一，三者测试孔径覆盖范围跨度大，也有交叉。对于高压压汞实验，无法表征小于 3 nm 孔隙，同时对于介孔尺度孔隙表征其可靠性也有待验证；对于低温液氮吸附主要用于表征 2～50 nm 的介孔，而对于小于 2 nm 和大于 50 nm 孔隙，其探测精度下降；对于低温二氧化碳吸附实验，其探测孔径范围最小，主要用于表征小于 2 nm 的微孔。

为了实现从整体上准确表征页岩储层的孔隙结构特征，避免使用单一手段和方法得到与实际孔隙结构较大偏差甚至错误的认识，本次研究尝试把三类测试手段的孔隙结构测试结果有机结合，图 4-25 显示了几个代表样品孔径联合表征结果，从图中可以看出液氮与二氧化碳测试由于都采用相同表征模型，其在重合部位重叠较好，连续性较强，而对于液氮与压汞实验测试结果，在重叠部分效果不一，样品 WX-Y31 与 WX-Y41 与液氮测试结果高度一致，而 WX-Y44 与 WX-Y58 在重合部位结果相差较大，这可能由于两种测试的测试原理不同造成。

基于此，为便于研究，从整体分析角度出发，同时为了发挥各自实验测试手段优势，忽略各个测试手段由于测试原理与不同模型分析造成的差距，在数据处理过程中，将重叠部分数据进行了处理，分别选取相应测试方法中最优结果孔段进行分析，具体是：页岩中宏孔（＞50 nm）采用高压压汞法测定，介孔（2～50 nm）采用 N_2 气体吸附法测定，微孔（＜2 nm）采用 CO_2 气体吸附法测定。

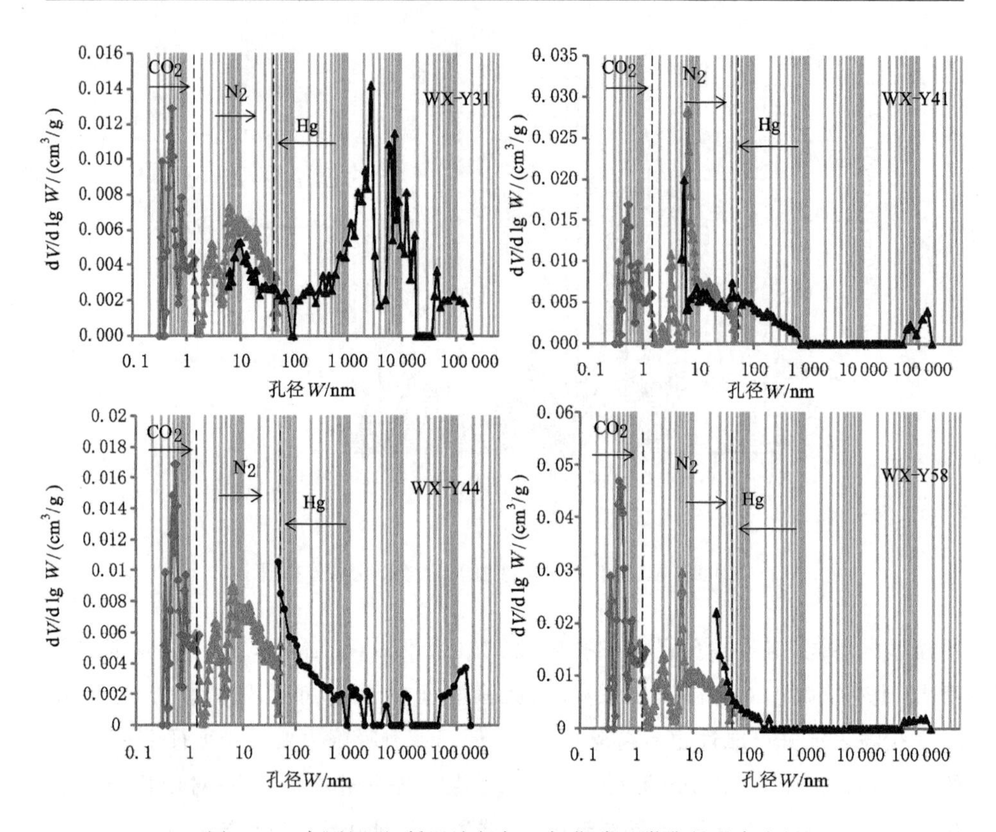

图 4-25　高压压汞、低温液氮与二氧化碳吸附孔径联合表征

根据页岩孔径联合表征结果显示(图 4-25),页岩孔径分布类型主要分为以下 3 种类型:

Ⅰ类,多峰态-多尺度孔隙并存型:以样品 WX-Y31 为代表,孔径分布呈多峰态,其中除了微孔与介孔发育,宏孔同样占有重要比例。该类孔隙由于微孔-介孔-宏孔都有发育,且规模相当,推测对页岩气赋存以及后期开采运移都非常有利。

Ⅱ类,双峰态-介孔优势型:以样品 WX-Y41 为代表,孔径分布呈微孔与介孔并存双峰态,且以介孔为主,推测该类孔隙组合类型赋存同时提供大量的吸附态和游离态页岩气赋存空间。

Ⅲ类,双峰态-微孔优势型:以样品 WX-Y44 与 WX-Y58 为代表,孔径分布呈微孔与介孔并存双峰态,且以微孔为主,由于微孔可以提供大量比表面积,该类孔隙对吸附态页岩气赋存极为有利。

统计三类页岩孔隙孔径分布类型，研究区龙马溪组以第Ⅲ类（双峰态-微孔优势型）最为发育，其次发育第Ⅱ类（双峰态-介孔优势型），相比而言，第Ⅰ类（多峰态-多尺度孔隙并存型）较为少见。由此可知，研究区龙马溪组主要发育微孔与介孔尺度孔隙，且以微孔发育为主。

依据IUPAC孔径对孔隙的三分法，本次研究利用高压压汞、低温液氮和二氧化碳吸附实验计算获得不同孔隙的结构参数（表4-8），分别统计了微孔、介孔和宏孔三类孔隙对总孔容与总孔比表面积的贡献率。如图4-26所示，总体而言三类孔隙对孔体积都有相当贡献，其中介孔贡献最大，提供孔体积介于0.002 78～0.012 33 cm^3/g，占总孔体积的27.61%～67.94%，平均达47.65%；微孔与宏孔贡献率相当，平均占孔体积分别达到24.32%和28.03%。相比而言，三类孔隙对孔比表面积贡献差距很大，如图4-27所示，其中微孔提供了大部分的比表面积，介于2.567～45.070 m^2/g，平均达12.446 m^2/g，占总比表面积比例达46.90%～78.71%，平均达到63.72%；其次是介孔，占总比表面积平均达到35.95%；而宏孔对比表面积贡献很小，平均为0.33%，可忽略不计。总体而言，介孔提供了大量的孔容，而微孔控制了页岩孔隙总比表面积，是气体吸附存储的重要场所。

表4-8　龙马溪组钻孔样品孔隙结构

样品编号	TOC /%	高压压汞实验		N_2吸附实验		CO_2吸附实验	
		宏孔体积 /(cm^3/g)	宏孔比表面积 /(m^2/g)	介孔体积 /(cm^3/g)	介孔比表面积 /(m^2/g)	微孔体积 /(cm^3/g)	微孔比表面积 /(m^2/g)
WX-Y02	0.06	0.001 7	0.001	0.005 53	2.737	0.000 91	2.735
WX-Y03	0.05	0.001 8	0.001	0.002 97	2.345	0.000 86	2.567
WX-Y08	0.06	0.001 2	0.001	0.003 87	1.986	0.001 33	3.749
WX-Y12	0.17	0.003	0.062	0.003 12	2.575	0.001 85	5.549
WX-Y16	0.60	0.003 2	0.045	0.002 78	1.866	0.001 22	3.644
WX-Y19	2.29	0.002 6	0.044	0.008 62	8.593	0.002 71	7.629
WX-Y20	2.13	0.001 4	0.001	0.003 90	3.474	0.002 52	7.103
WX-Y23	2.27	0.011 3	0.048	0.006 61	5.884	0.003 61	10.840
WX-Y24	2.36	0.005 3	0.129	0.008 42	5.860	0.003 28	9.847
WX-Y28	2.17	0.003 8	0.09	0.008 67	6.161	0.003 09	9.271

续表 4-8

样品编号	TOC /%	高压压汞实验		N_2 吸附实验		CO_2 吸附实验	
		宏孔体积 /(cm^3/g)	宏孔比表面积 /(m^2/g)	介孔体积 /(cm^3/g)	介孔比表面积 /(m^2/g)	微孔体积 /(cm^3/g)	微孔比表面积 /(m^2/g)
WX-Y31	2.76	0.0138	0.084	0.006 77	6.223	0.003 95	11.850
WX-Y33	2.84	0.008 6	0.134	0.008 26	5.419	0.002 22	6.247
WX-Y36	2.36	0.002	0.003	0.006 88	4.644	0.002 66	7.964
WX-Y39	2.79	0.003	0.007	0.007 61	4.156	0.002 72	7.652
WX-Y41	3.58	0.007 6	0.134	0.009 79	8.833	0.004 39	13.170
WX-Y42	3.73	0.004 9	0.018	0.010 93	8.630	0.004 99	14.960
WX-Y44	3.54	0.003 9	0.011	0.008 03	7.511	0.005 38	16.130
WX-Y47	3.58	0.002 8	0.06	0.007 94	7.400	0.005 26	15.770
WX-Y50	6.05	0.005 6	0.064	0.007 85	7.670	0.006 34	19.020
WX-Y52	5.47	0.004 6	0.104	0.009 81	10.575	0.008 05	22.650
WX-Y55	8.00	0.003 5	0.103	0.008 52	8.740	0.010 13	30.390
WX-Y58	12.91	0.004 5	0.101	0.012 33	12.090	0.015 02	45.070

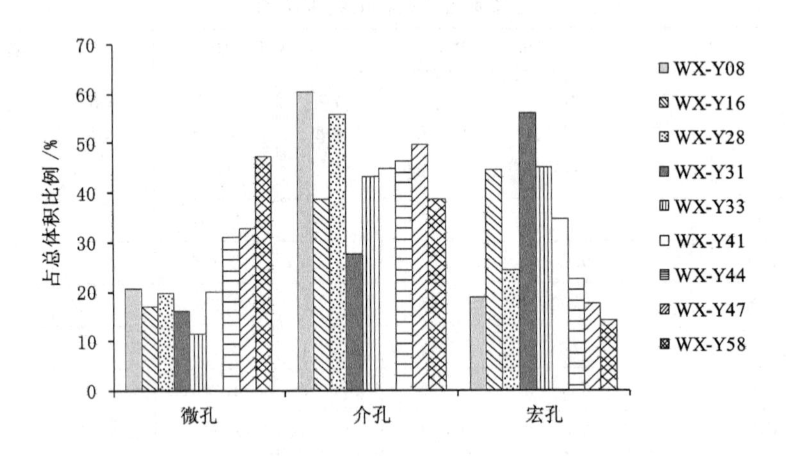

图 4-26　不同孔隙对页岩孔体积贡献图

为了进一步讨论以及更加精细描述页岩不同孔径段孔隙对孔容和孔比表面积的贡献，本次研究利用高压压汞、低温液氮和二氧化碳吸附实验联合表征，获得孔体积和孔比表面积随孔径连续变化分布图。从图 4-28 和图 4-29 可以看

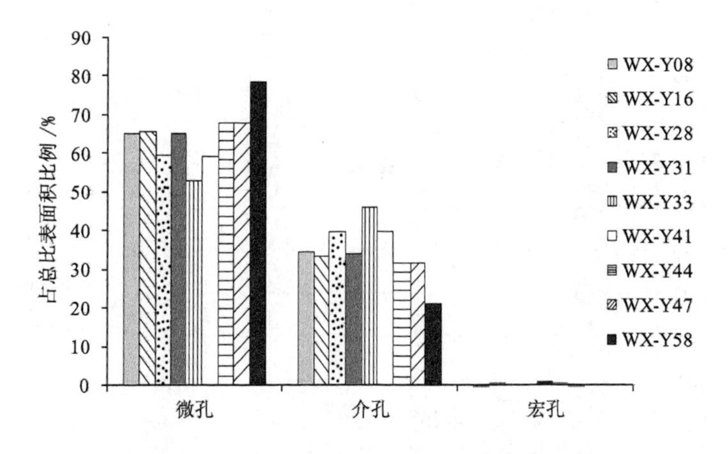

图 4-27 不同孔隙对页岩孔比表面积贡献图

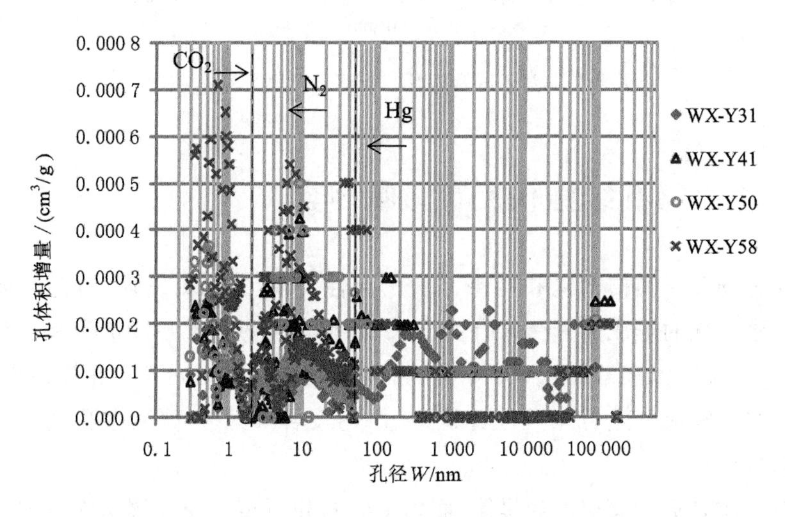

图 4-28 基于联合表征孔体积随孔径分布图

出，页岩孔体积分布较广，不同孔径对孔体积均有贡献，主要以小于 200 nm 的孔贡献为主，其他尺度孔隙贡献有限；而页岩孔隙比表面积分布规律性明显，主要由小于 10 nm 的介孔与微孔贡献，通过 4.1 节扫描电镜观测可知，相比于粒内孔与粒间孔隙，有机质孔隙发育尺度明显更小，页岩中小于 10 nm 孔隙主要由有机质孔贡献。同时由于页岩孔隙比表面积提供了吸附态页岩气赋存点位，因此有机质纳米孔对吸附含气量贡献巨大。

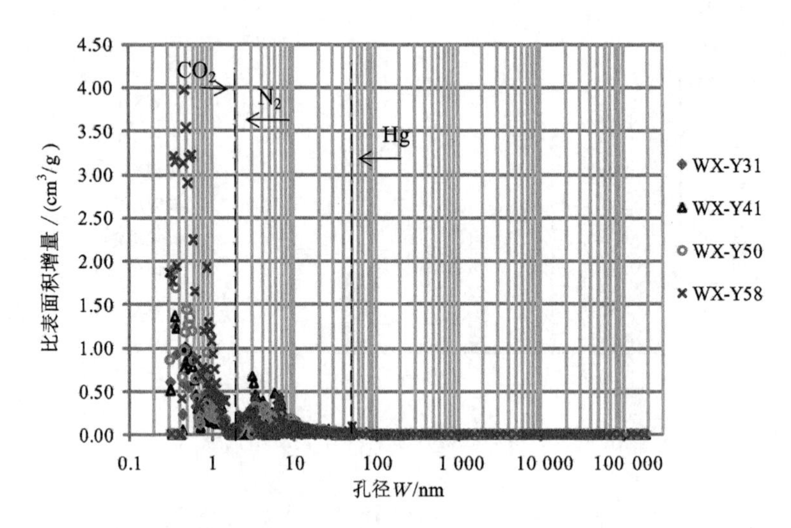

图 4-29　基于联合表征孔比表面积随孔径分布图

4.3　页岩微孔缝结构发育影响因素

通过场发射扫描电镜和能谱等手段定性-半定量观测发现，研究区龙马溪组微孔缝系统的形成显著受到有机质、黏土和石英等主要矿物的影响。借助高压压汞、低温液氮和二氧化碳吸附数据，准确定量获得不同孔径孔隙结构参数，进一步与矿物成分进行相关性分析，来探究页岩气源岩-储层微孔缝结构形成的矿物学机理。

有机质是页岩储层生烃母质，而黏土矿物和石英是龙马溪组泥页岩矿物成分的主要组成部分。因此本节着重探讨 TOC、石英和黏土矿物对龙马溪组页岩不同类型孔隙发育的影响。页岩有机质对孔隙发育具有重要的影响，有机质在成熟演化过程中形成大量的有机纳米孔隙（Curtis 等，2012；Mathia 等，2016）。本次研究表明 TOC 和微孔孔容、微孔孔比表面积、介孔孔容、介孔比表面积均呈正相关关系[图 4-30(a)、(b)]，说明 TOC 对微孔与介孔发育都有很重要贡献，其中，TOC 对微孔结构参数的相关系数更高（R^2 达到 0.824 和 0.761），有机碳对微孔的发育控制作用明显。

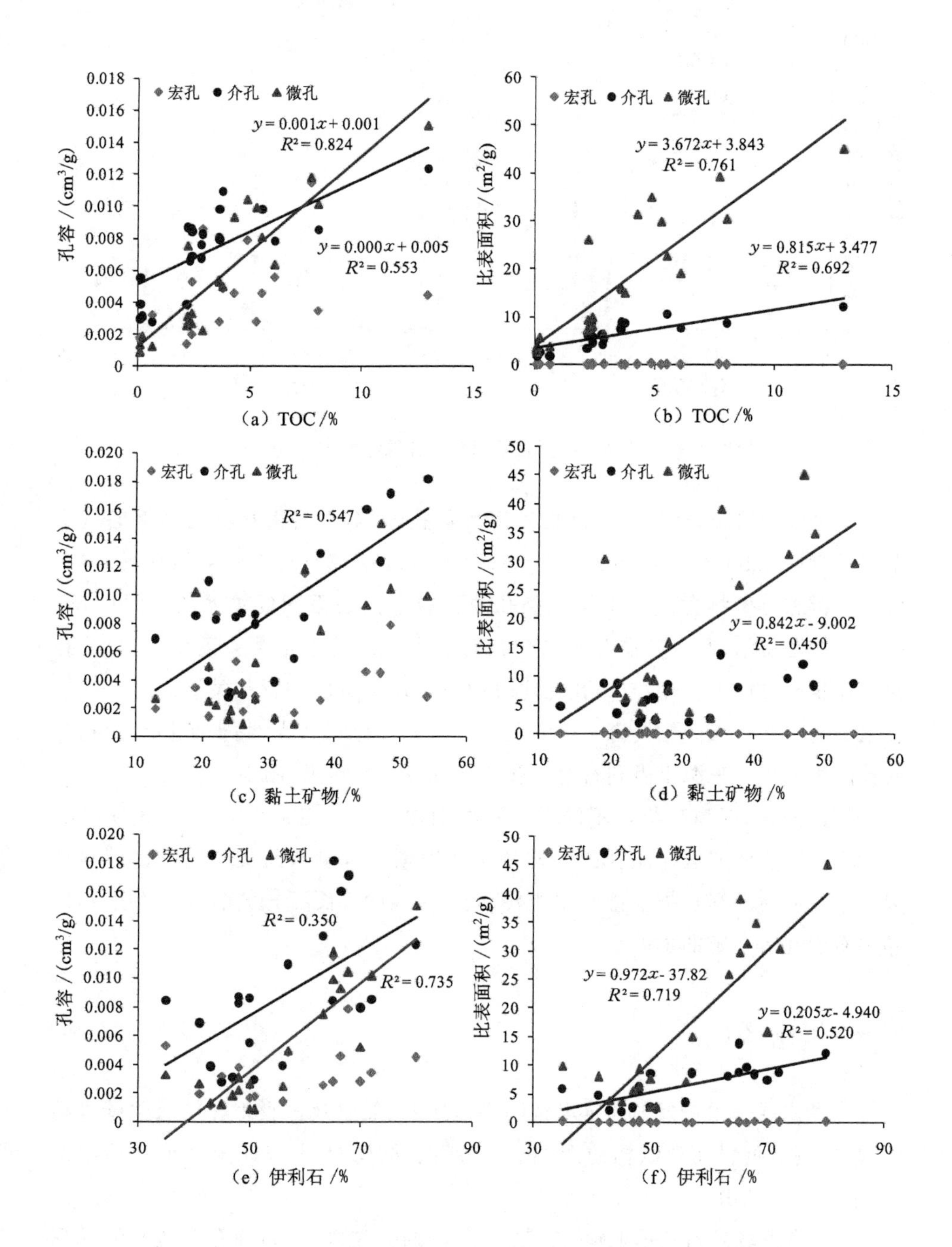

图 4-30 龙马溪组页岩不同孔径孔隙结构主控因素对比

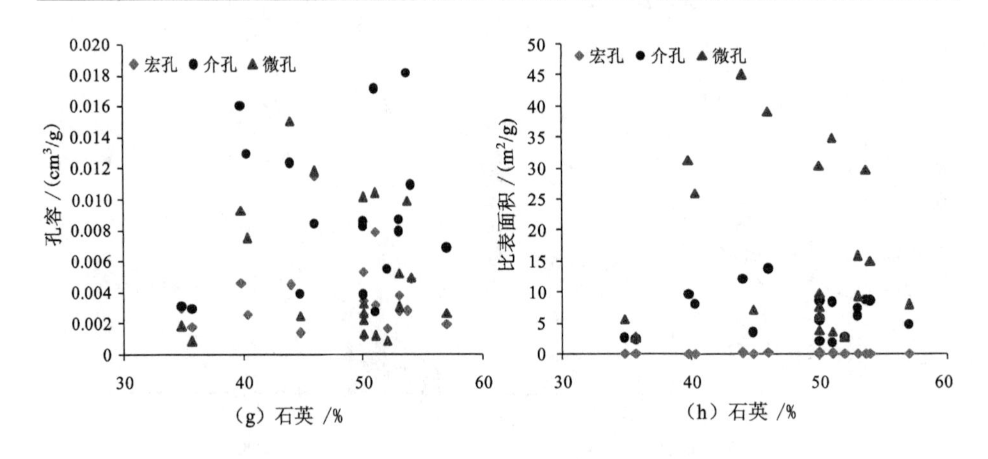

续图 4-30 龙马溪组页岩不同孔径孔隙结构主控因素对比

众多学者研究表明,黏土矿物发育大量孔隙,对页岩微孔缝结构网络具有重要贡献(Chalmers and Bustin,2008;Chalmers 等,2012;Curtis,2010)。本次研究分析黏土矿物含量与不同类型孔隙孔容和比表面积的关系[图 4-30(c)、(d)]。如图所示,黏土矿物含量与介孔孔容呈一定的正相关关系,而与介孔孔比表面积相关性不明显,与微孔孔比表面积表现出微弱的正相关性。这反映了黏土矿物对介孔与微孔具有一定的贡献。进一步分析认为,黏土矿物对微孔与介孔的影响主要来源于伊利石对微孔与介孔发育的贡献[图 4-30(e)、(f)]。

相比而言,石英矿物与不同类型孔隙结构参数的相关性不明确,说明石英矿物不是影响研究区样品孔隙结构的主要因素。这也与前文扫描电镜观察结果一致。同时根据扫描电镜观察推测,脆性矿物中,长石与碳酸盐岩在个别样品中对宏孔有一定的贡献。

4.4 小 结

本章主要基于场发射扫描电镜与高压压汞、低温液氮吸附和二氧化碳吸附实验,实现对页岩孔隙结构的形貌-成因判识,结构-大小统计的全尺度精细表征,取得如下认识:

(1) 借助场发射扫描电镜,界定了有机质孔、粒内孔、粒间孔和微裂缝的形貌与孔径特征,并探讨不同类型孔隙成因机制。统计发现页岩中机质纳米孔发育规模最大、形态多样、孔径较小,并提出页岩储层骨架矿物形成刚性格架对有机质孔的保护机制。同时镜下发现层理发育连通性较好的纳米级尺度微裂缝，此类微裂缝发育规模较大，分布密集且连通各类矿物孔隙，推测对页岩气赋存运移具有重要意义。

(2) 基于 Image-Pro Plus 专业图像处理软件，对纳米级孔隙高分辨扫描电镜照片数值化，并提取孔隙结构参数，系统探讨孔隙发育的复杂度与非均质程度，结果表明页岩不同孔隙类型孔隙发育形态自相似性均较强，具有显著的分形特征，分形维数 D 介于 1.110 8～1.374 6，相关系数介于 0.896 1～0.965 7。其中有机质孔分形维数 D 明显偏小，平均为 1.160 2，而粒间孔与粒内孔分形维数 D 明显偏大，平均值分别为 1.294 1 和 1.322 4，表明页岩中有机质孔形态复杂程度相对粒间孔和粒内孔简单，更加有利于页岩气赋存与运移。

(3) 页岩孔隙孔径跨度极大，孔径分布多样。本次基于高压压汞-低温液氮-二氧化碳吸附技术联合表征，实现对页岩孔隙多角度、多精度、全尺度定量表征，结果表明页岩孔径分布呈多种类型，且以双峰态-微孔优势型为主，同时揭示页岩孔比表面积主要以小于 10 nm 的微孔-介孔贡献为主，是吸附态气体赋存的主要场所。孔径小于 200 nm 的孔隙贡献了主要的孔体积，是游离态气体赋存的主要空间。

(4) 进一步结合页岩地化特征与矿物组成，阐明高-过成熟度龙马溪组页岩纳米级孔隙结构物质主控因素，研究揭示不同尺度孔隙发育主控因素不同。其中，TOC 含量是微孔发育的主控因素，同时对于介孔发育也有着积极影响，而黏土矿物与介孔相关性较强，表明黏土矿物发育大量介孔尺度孔隙。

5　页岩微孔缝结构动态演化特征

页岩储层中气体主要以游离态和吸附态赋存，前者主要赋存于大孔径孔隙以及微裂缝中，后者主要吸附于有机质微孔以及黏土矿物微孔表面（Curtis，2002；Ross 等，2007）。页岩气能否富集成藏，直接取决于游离气与吸附气的富集程度，而两种状态气体在地质历史时期不同阶段是互相转化、处于动态平衡状态的。气体状态之间的互相转化，在转化过程中气体状态能否有效存储下来，又依赖于页岩中不同孔隙的发育程度与组合特征。例如随着埋深增加，温度和压力不断升高，部分页岩气由吸附态向游离态转化，同时伴随着孔隙结构的动态演化，当大量吸附气转化为游离气时，深层页岩孔隙演化过程中能否提供足够的赋存空间来容纳过剩的游离气，将直接决定页岩气的含气性。同时，有机质成熟演化过程中，不同阶段生烃产物与规模不同，而生气高峰阶段能否有足够孔隙空间储集这些气体，是否对应孔隙发育高峰，这也都将影响最终页岩气含气性。

页岩孔隙随着埋藏深度增加，主要受有机质热演化作用和成岩作用双重控制，孔隙也一直处于动态演变中。对比常规储层，砂岩孔隙率随埋深增加由于压实、胶结作用整体呈现降低趋势。而通过前几章节系统研究发现，页岩储层随着埋深增加（有机质成熟度增加），页岩孔隙率变化复杂，完全不同于砂岩孔隙演化规律。这是由于有机质成熟演化过程中，发育大量的纳米级孔隙。有机质热演化过程不仅影响有机质本身孔隙结构发育，同时也对无机基质纳米孔隙结构形成和演化有着重要影响。有机质热解过程中产生的酸性流体，对不稳地脆性矿物的溶蚀作用，以及对黏土矿物转化的催化作用，这些都影响着无机孔隙形成与演化。

在页岩气成藏富集过程中，页岩不同成熟阶段生烃产物，以及气体赋存状态的动态转化与页岩孔隙动态演化相互耦合，因此，页岩气的生成、赋存、运移与页岩孔隙形成与演化过程关系密切。前几章节已经对龙马溪组页岩孔隙形貌、类型、大小、孔径分布以及连通性等结构参数展开了精细的静态表征，本章将借助高温高压生烃热模拟实验，对页岩不同类型微孔缝结构动态演化展开系统表征，试图揭示页岩微孔缝结构动态演化机制，为深入揭示高过成熟页岩气赋存富集机理提供依据。

5.1 微孔缝结构演化实验

5.1.1 样品选择、处理与制备

由于我国整个南方下古生界龙马溪组页岩有机质热演化程度均在高-过成熟阶段，无法获得不同成熟度的自然序列样品。为此，本次研究借助高温高压热模拟实验来反演龙马溪组在地质历史时期，随成熟度增加微孔缝结构演化规律。有关热模拟实验研究，国内外已有许多报道，实验技术成熟，但前人主要通过热模拟实验开展有机质生烃机理以及生烃潜力评价研究，针对有机质生烃过程中微孔结构演化规律研究的较少。为了保证模拟实验的效果以及结论的可靠性，寻找和正确选择有代表性的模拟样品至关重要。在查阅前人对于热模拟样品选择以及制备的基础上，本次样品选择与处理主要考虑以下两点。其一，干酪根类型，由于龙马溪组页岩为Ⅰ型干酪根，成熟过程中以生油为主，而Ⅲ型干酪根主要以生气为主，不同干酪根类型在成熟过程中产物有着明显区别，这必然对生烃过程中孔隙演化有着重要影响。同时，Ⅰ型干酪根主要来源于水生低等浮游生物残体，以链状结构多为特征，而Ⅲ型干酪根来源于陆地高等植物，以芳香结构多为特征，不同的来源导致有机质本身原生生物组织孔有很大区别，所以对模拟结构也会产生很大影响。其二，前人在制备样品时，多选用粉末样或者提取的干酪根用于模拟，虽然提高了热模拟反应效率，但在处理样品过程中也破坏了样品原生地层状态，很难反映真实地质条件下页岩成熟过程中孔隙结构演化轨迹。

基于上述研究考虑，本书选用河北张家口下马岭组页岩作为热演化模拟实验样品，下马岭组页岩具有高有机碳含量(TOC 平均 4.5%以上，最高可达 7.55%)、低成熟度(镜质体反射率约为 0.6%)的特点。其次，下马岭组页岩有机质属原生有机质，干酪根为Ⅰ-$Ⅱ_1$型，与海相页岩有机质较为相似，是模拟南方海相页岩生烃演化及孔隙演化的理想样品。由此将在河北张家口市怀来县所采的下马岭组样品切割为小砖块状，在封闭模拟体系中从室温开始进行加热(使用的仪器在系统升温同时也伴随着升压)，从而得到不同成熟度的页岩样

品，进而对其孔隙发育特征及差异进行研究。

为了尽量贴近原始地层条件，尽可能保留原样的孔隙结构特征，模拟样品尽量不要粉碎，对采集的大块状页岩样品进行切割。为了尽量保持均一性，在同一层面切割等量八份样品：XM-0、XM-350、XM-400、XM-450、XM-500、XM-550、XM-600、XM-680。分别设置不同温度对样品进行热模拟实验。样品热模拟参数见表 5-1。

表 5-1　　下马岭组低成熟度页岩样品热模拟条件与结果

样品编号	温度点/℃	恒温时间/h	流体压力/MPa	实测 R_o/%	孔隙率/%
XM-0	—	—	—	0.62	1.57
XM-350	350	36	15.0	1.04	1.70
XM-400	400	36	18.4	1.83	2.62
XM-450	450	48	22.2	2.04	4.30
XM-500	500	48	26.3	2.46	4.40
XM-550	550	48	32.2	2.84	4.85
XM-600	600	48	34.0	3.12	5.01
XM-680	680	48	41.4	3.62	4.42

5.1.2　实验设备及条件

（1）实验设备

生烃热模拟实验是在中石油勘探开发研究院无锡石油地质研究所自行研制的高压釜密闭体系模拟实验仪上完成的，实验装置与结构如图 5-1、图 5-2 所示。该系统主要包含高温高压反应系统、双向液压控制系统、自动生排烃产物收集与流体补充系统、数据采集系统和外围辅助设备等。仪器主体是高压釜，盛放模拟所需的块状样品，釜腔直径为 2 cm，深达 10 cm，釜体由钛铬镍合金制成，具有硬度大、熔点高、抗腐蚀性强等特点。

（2）实验条件

为了尽可能还原页岩储层在真实地质条件下孔隙结构演化轨迹，实验条件设计是否合理至关重要，本次主要考虑温度、加热方式、介质和压力等四方面条件（表 5-1）。

① 温度：为了覆盖页岩从未成熟-成熟-高成熟-过成熟全部演化序列，实验

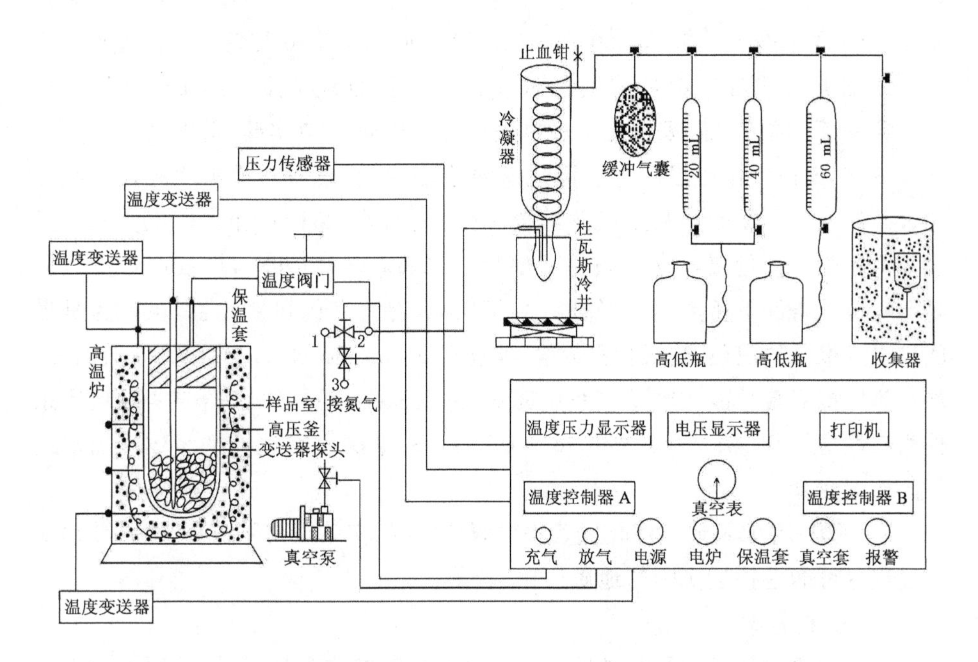

图 5-1　烃源岩地层孔隙热压生烃模拟仪器原理结构图

图 5-2　烃源岩地层孔隙热压生烃模拟仪器图

设计 350 ℃、400 ℃、450 ℃、500 ℃、550 ℃、600 ℃和 680 ℃等 7 个温度点。

② 加热方式：以 30 ℃/h 的速率加热，达到目的温度后稳定 36～48 h。

③ 介质：前人一般采用无水加热进行烃源岩热模拟实验，但在缺乏水介质条件下，热模拟实验难以贴近实际地质演化环境，有机质热模拟实验在无水和加水条件下的产物数量和组成差异较大(汤庆艳等，2013)，加水模拟实验比无水模拟实验更接近实际地质条件下演化结果(Lewan，1993)，生成的烃类组成与实际地质条件下所产出的烃类极为相似，具有很好的可对比性，被认为是最能代表有机质热成熟演化过程的模拟实验(Lewan and Roy，2011)。一般而言，加水热模拟实验只能在密闭体系中完成，且实验结果更加合理，与实际地质条件相似性更好(Lewan and Williams，1987)。故本次研究选择密闭体系加水进行热模拟实验。

④ 压力：考虑了地质演化过程中的真实情况，实验设置了流体压力，使得实验过程尽可能地接近实际的地质过程。

(3) 分析方案

首先对原始样品进行基础地化特征以及孔隙结构参数测试，获得原始未成熟样品基础参数与孔隙结构参数(表 5-2)。

表 5-2　下马岭组页岩原始样品地化参数与矿物组成

样品编号	R_o/%	TOC/%	有机质类型	全岩定量分析/%				黏土矿物相对含量/%		
				石英	长石	黄铁矿	黏土矿物	伊蒙混层	伊利石	绿泥石
XM-0	0.62	4.25	Ⅰ	51.9	7.8	2.8	35.1	53.4	33.6	13

对不同温度条件下获得热模拟样品进行基础地化测试，获得成熟度参数。针对页岩孔隙随成熟度演化规律研究，借助场发射扫描电镜技术，直观观测不同热模拟温度条件下反应前后样品微观孔隙特征，揭示热演化过程中有机质和无机矿物的演化规律及其对孔隙结构的影响。需要注意的是，由于场发射扫描电镜受分辨率影响，对于小于 5 nm 的孔识别能力有限，也就意味着对微孔和部分细介孔的形成与演化无法通过扫描电镜直观观测。为了弥补扫描电镜观测局限，以及更加准确定量地获取孔隙结构参数变化趋势，对各个温度点不同成熟度模拟样品，进一步利用高压压汞、低温液氮和二氧化碳吸附实验联合表征，获取全尺度孔隙结构参数。具体地化与孔隙结构表征实验原理、实验操作、样品处理、数据处理在第 3 章与第 4 章有详细介绍，这里不再赘述。

5.2　页岩热演化过程中孔隙成因-形貌演变特征

5.2.1　页岩有机孔演变特征

有机质孔作为页岩气赋存的最重要储存空间，本次通过场发射扫描电镜对原位以及不同热模拟温度点共8个测试样品，共计约200个观测视域的有机质形态和有机孔隙演化的形貌特征进行细致观测，结果发现，原位样品总体孔隙发育程度低，且主要以黏土矿物粒内孔和黄铁矿晶间孔为主，有机质孔隙发育甚少[图5-3(a)]，推测与原位页岩成熟度低有关。其他学者也有类似发现，Curtis等(2012)对WoodFord页岩研究发现，镜质体反射率(R_o)低于0.90%时，有机质孔隙不发育。随着热模拟温度上升，有机质孔隙开始发育。当温度升至350 ℃，部分有机质表面由于生烃产生有机质孔隙。此时有机质热演化程度仍较低，尚未达到生气窗，热模拟样品中有机质内部纳米级生烃演化孔隙发育规模有限[图5-3(b)]。当温度升至450 ℃时，有机质孔隙发育形貌发生明显变化，大量有机质孔隙产生，孔径一般在十几纳米到几百纳米之间，一般形状较规则，多为凹坑状、蜂窝状[图5-3(c)]。当温度持续升高，进入生油晚期，原油开始裂解，进入生气高峰，有机质孔隙进一步发育，且可以发现部分之前形成的十几纳米介孔尺度孔隙与孔隙之间形成狭窄的喉道，彼此互相连通，形成大孔径介孔或宏孔[图5-3(d)，(e)，(f)]。

随着热模拟温度继续上升，达到680 ℃时，对应成熟度达到3.62%，发现页岩中有机孔隙发育丰度未进一步增加，原先形成的有机质孔隙孔径也没有增大的趋势。相反，发现部分有机质孔隙孔径明显减小，发育形貌遭受破坏的现象[图5-3(g)]。推测一方面可能由于随着模拟温度增加，实验围压进一步加大，页岩遭受更强的压实作用，前期形成的有机孔坍塌，难以保存。同时发现，填充于脆性矿物形成的刚性格架中的有机孔得以很好地保存下来[图5-3(h)]，这也证实了压实作用确实对有机质孔隙造成一定的破坏，其次也反映脆性矿物的刚性格架在压实过程中起到了保护有机孔的作用。另一方面可能是随着有机质进入过成熟阶段，有机质芳构化加剧，造成部分有机孔隙破坏，孔隙发育减缓(Gorbanenko and Ligouis，2014)。通过本次有机质孔隙热演化规律分析，可以很好地解释造成目前南方两套海相富有机质页岩(下寒武统筇竹寺组与下志留统龙马溪组)孔隙结构发育差异巨大的原因。整个中国南方地区，下寒武统筇

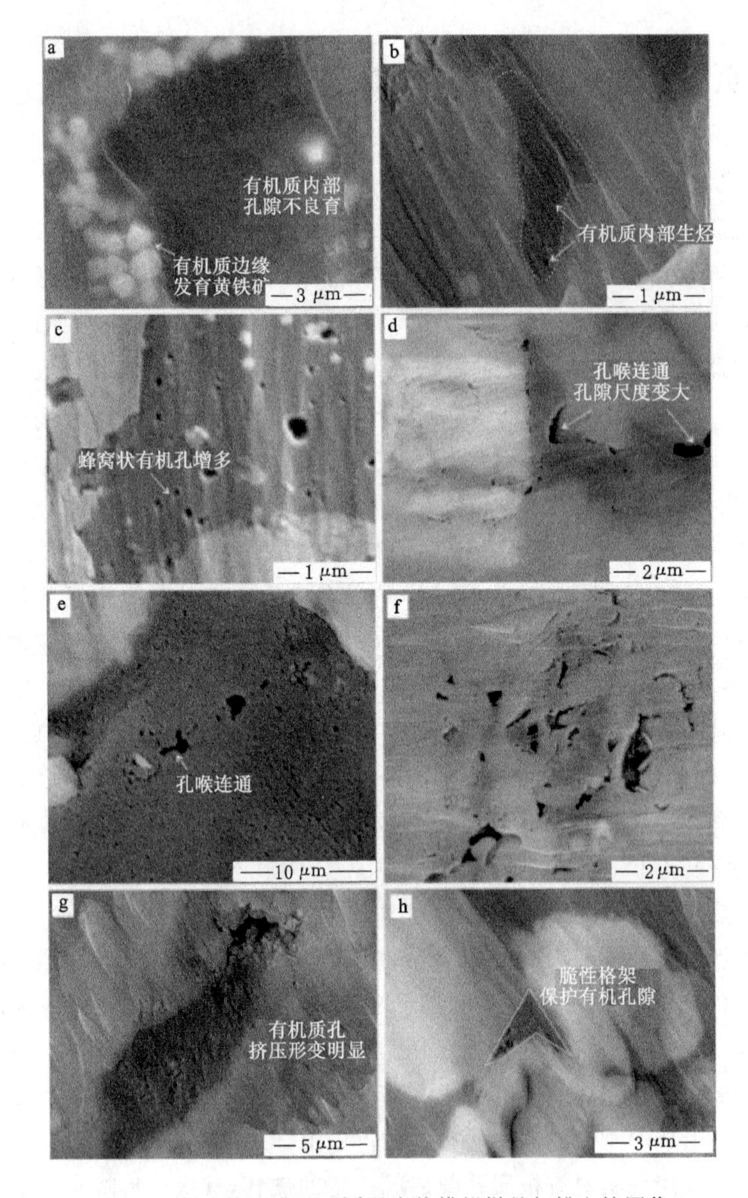

图 5-3 低成熟页岩及不同温度热模拟样品扫描电镜图像

(a) 原样，有机质内部孔隙不发育；(b) 350 ℃模拟样，干酪根内出现生烃孔隙；
(c) 400 ℃模拟样，有机质蜂窝状纳米级孔隙进一步增多；
(d) 450 ℃有机质与矿物接触边缘发育纳米孔隙，孔隙尺寸进一步增大；
(e)、(f) 550 ℃模拟样，部分有机质孔隙互相连通形成介孔和宏孔；
(g) 680 ℃模拟样，有机质孔受挤压变形；(h) 脆性格架保护有机孔隙

竹寺组经历深埋作用，目前埋深普遍超过龙马溪组，页岩有机质成熟度比龙马溪组更高，部分页岩成熟度达到3.5%以上。通过本章实验模拟孔隙演化规律推测认为，由于深部更强的应力压实作用，以及过成熟阶段有机质芳构化逐渐加剧，筇竹寺组页岩孔隙系统特别是有机质孔隙发育明显较龙马溪组差。通过对两套页岩扫描电镜观测以及孔隙结构定量测试结果都证实了模拟研究结果，因此，笔者认为孔隙结构的差异性也极有可能是造成目前两套海相页岩勘探开发效果存在差异的重要原因。

同时扫描电镜下观测还发现，部分分散有机质常出现于骨架颗粒边缘[图5-3(d)，(f)]，或与黏土矿物共生[图5-3(g)]，且发育一定规模的有机孔，此类有机质与原始沉积有机质形态差异较大，分布位置也更为分散，推测此类有机质与页岩热演化过程中生排烃密切相关，生烃增压使干酪根前期生成的液态烃向周围原始骨架矿物排驱，经过短距离运移充注于原始页岩粒间孔、粒内孔及颗粒边缘高渗流通道，液态烃堵塞原有页岩骨架矿物孔隙，后进一步经历升温达到生气窗，液态烃发生裂解，形成固体沥青/焦沥青和丰富的有机孔。前人研究将其与原始沉积有机质区分，相比于原始沉积有机质中孤立的有机孔隙而言，运移后的有机质再次经历热解生烃形成丰富的有机孔隙，且与原始无机孔隙形成有效连通的孔隙网络，能为气体流通运移提供更有效的连续性的传输路径(Cardott等，2015；李新景等，2016)。

5.2.2 页岩有机质孔隙演化机制与保存

进一步观察发现，有机质孔隙随成熟度增加演化特征在扫描电镜下表现出两种完全不同的方式。第一种，有机质整体轮廓不变，随着温度升高，有机质内部产生数量密集的近圆形或椭圆形的生烃孔，有机质以内部孔隙为主，属于内部多孔型。第二种，随着温度升高，有机质内部未发育生烃孔隙，而有机质边缘出现锯齿状，有机质干酪根整体收缩，与周缘接触的矿物形成边缘孔，属于收缩边缘孔型。

造成有机质孔隙两种不同演化特征的原因，可能与有机质干酪根不同生烃演化途径密切相关。前人对干酪根生烃演化途径进行了大量研究，其中Ungerer(1990)在结合前人研究的基础上提出了两种主要演化途径：一种是干酪根结构中的各种官能团按照化学键的强弱，随着成熟度的增加依次脱除，属于“平行脱官能团型”，该过程中部分官能团脱除生烃，最后逐渐残余惰性骨架，此类有机质演化途径会导致有机质内部发育大量孔隙；另一种是干酪根先热解产生大量以沥青等大分子为主的可溶有机物，然后进一步分解为可溶小分子(油和气)，属于“解聚型”，此类途径有机质整体均匀快速反应，有机质表现为整体收缩，导致有机质边缘孔的出现。镜下对比两类不同演化途径产生的两种有机质孔隙特征，有机质内部产生大量孔隙较有机质边缘孔更易增大孔隙系统比表面积，从而提供更多的甲烷吸附点位，增加吸附含气量。通过上一章节对龙马溪组页岩有机质孔隙镜下观测发现，有机质内部孔隙发育类型明显多于有机质边缘孔[图 4-3(a)，(b)]，表明有机质孔隙可以提供大量吸附态甲烷所需的赋存空间。

5.2.3 页岩无机孔的形貌演变特征

(1) 不稳定脆性矿物溶蚀孔形成与演变

进一步对氩离子抛光扫描电镜图片观测发现，随着热模拟温度升高与热演化程度的增加，除了有机质孔隙发育外，页岩样品中碳酸盐岩和长石等不稳定矿物发育大量溶蚀孔隙。页岩热成熟生烃过程不仅控制着有机孔隙的发育与演化，同时有机质达到生烃门限，发生脱酸基作用，产生有机酸和 H_2S 等酸性物质，在酸性流体的作用下，碳酸盐岩和长石等不稳定矿物遭受溶蚀作用，产生大量晶(粒)内溶蚀孔等次生孔隙(图 5-4)。

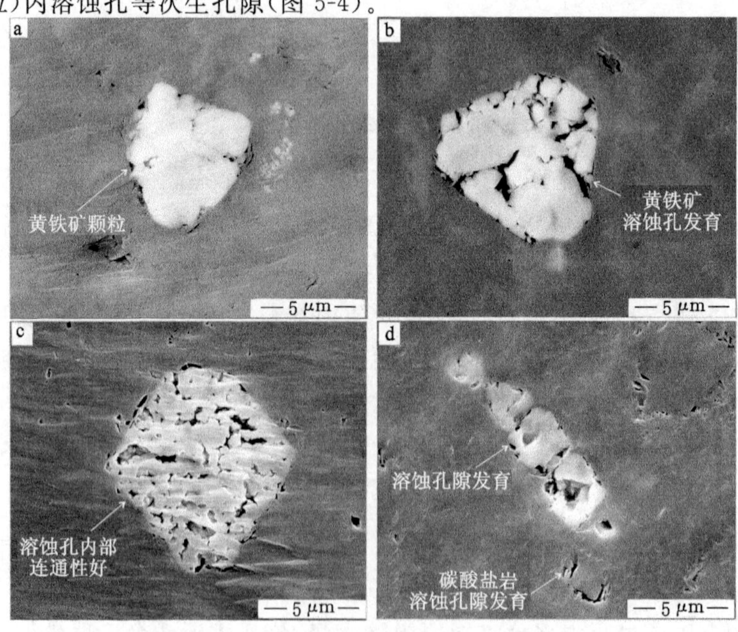

图 5-4 溶蚀孔隙随模拟温度形态演化特征

根据扫描电镜观察对比，原位样品中溶蚀孔隙发育不明显[图 5-4(a)]，当热模拟温度达到 400 ℃时，发生明显的溶蚀作用，长石颗粒与黄铁矿颗粒内部发育大量溶蚀孔隙[图 5-4(b)，(d)]。随着热模拟温度进一步升高(400～550 ℃)，溶蚀作用增强，产生的溶蚀孔比例也不断增大，且颗粒内部溶蚀孔隙孔径不断增加，达到宏孔尺度，部分互相连通交织形成孔隙网络[图 5-4(c)]。观察发现当热模拟温度超过 550 ℃后，溶蚀孔隙没有明显增加，相反，受高围压作用，部分溶蚀孔隙遭到压实破坏。页岩中溶蚀孔隙一般孔径较大，达到宏孔尺度，为游离气赋存富集提供了储集空间，在页岩储层评价以及资源评估中应给予重视。此外，溶蚀孔内部孔隙连通性较好，可形成孔隙网络，但由于发育范围局限，仅限于溶蚀矿物颗粒内部，和其他孔隙无法有效连通，并非页岩气良好的运移通道。

(2) 黏土矿物孔隙形成与演变

通过全岩以及黏土含量测试分析，页岩样品中黏土含量普遍较高，且以伊蒙混层和伊利石为主。为了便于分辨不同黏土矿物类型，在样品未抛光前细致观测了黏土矿物分布以及演化方式。扫描电镜下发现，不同温度点黏土矿物形态不一。随着热模拟温度升高，伊蒙混层形态变化尤为明显，由片状过渡为细长条状再变化为纤维状。这也反映了伊蒙混层转化为伊利石的动态过程，片状伊蒙混层转化为纤维状伊利石过程中，黏土矿物层间孔逐渐发育，孔隙尺寸也逐渐变大，且孔隙整体连通性变好。

进一步研究发现，页岩中黏土矿物孔隙发育关键阶段对应热模拟温度点为 350 ℃，当温度超过 350 ℃后，黏土矿物孔隙变化幅度不大，说明黏土矿物孔隙演化主要发生在低熟阶段到生油高峰期，这也与实际地质历史时期黏土矿物自然转化规律相符(赵杏媛，1990)。由于进入生气窗阶段后，黏土矿物种类已经趋于稳定，矿物转化程度降低，黏土矿物自身转化对储集空间的影响也变小。另外值得注意的是，虽然黏土矿物孔隙发育，孔隙尺寸发育较大且连通性较好，但该类孔隙在实际成岩演化过程中容易遭受外力压实作用，随着埋藏深度的增加，压实作用对黏土矿物孔隙演化的影响逐渐明显，部分黏土矿物孔隙遭受压缩破坏，导致孔隙发育尺寸减小，连通性变差。

总体而言，尽管页岩中无机矿物孔隙(溶蚀孔、黏土矿物孔)随热演化作用变化明显，但需要明确的是，在富有机质页岩随埋深增加，有机质不断成熟生烃过程中，有机质孔隙无论在发育丰度、尺寸以及连通性上变化最为显著，有机质孔在该过程中的形成与演化对于页岩气赋存富集影响也最为关键。

5.3 页岩热演化过程中孔隙结构演化定量表征

5.3.1 孔隙率演化规律

孔隙演化过程中孔隙率直接关系到游离气含量的赋存空间，定量表征孔隙率的演化规律具有十分重要的意义。本次研究借助高压压汞实验，测试获得不同热模拟阶段页岩样品孔隙率大小(表 5-1)，进一步发现页岩样品孔隙率随热模拟温度呈四段式演化规律：① 缓慢增加阶段：对应热模拟温度在 350 ℃之前，孔隙率表现出缓慢增加，孔隙率由原始样品的 1.57%增加到 1.70%。虽然样品达到生油高峰，有机质开始发育生烃孔隙，但推测由于有机质裂解生成液体烃或沥青充填了部分原始无机孔隙，使得孔隙率变化复杂，并未表现出大幅度增加的趋势，这与前人研究成果一致(Chen 和 Xiao，2014；Mathia 等，2016；李新景等，2016)；② 大幅增加阶段：对应热模拟温度处于 350～450 ℃之间，页岩有机质干酪根处在油裂解气与生气高峰阶段，孔隙率呈现大幅增加趋势。样品孔隙率从热模拟 350 ℃的 1.70%增至 450 ℃的 4.23%；③ 平稳增加阶段：对应热模拟温度处于 450～600 ℃之间，对应页岩高过成熟度阶段，孔隙率表现出相对稳定，增加幅度小，600 ℃时达到最大，约 5.01%；④ 小幅降低阶段：对应热模拟温度超过 600 ℃时，随着成熟度进一步增加，实测孔隙率开始呈现减小趋势。究其原因，有可能是由于页岩达到过成熟阶段，有机质芳构化加剧，造成部分孔隙破坏，孔隙发育减缓。另一方面，推测由于围压作用使得原先形成的孔隙遭受一定程度的压实，孔隙率表现出减小趋势。

5.3.2 不同类型孔隙孔径分布随成熟度演化规律

页岩中纳米孔隙发育非均质性极强，表现出孔隙发育尺度跨度大，而不同孔径孔隙直接影响页岩气赋存状态。在讨论页岩总体孔隙率演化规律的基础上，进一步研究不同孔径孔隙随成熟度演化规律，对后期研究页岩气在地质历史时期中赋存相态的动态演化以及页岩气富集成藏机理具有重要意义。本次研究利用热模拟实验获得不同成熟度连续演化样品，进一步借助高压压汞、低温液氮和二氧化碳吸附实验，定量表征页岩微孔(＜2 nm)、介孔(2～50 nm)和宏孔(＞50 nm)三类孔隙随热演化过程的演变规律。

受高压压汞实验限制，进汞压力过大会破坏页岩孔隙原生结构，因此压汞孔隙测定下限值为 3 nm，可用于表征宏孔与部分介孔孔径分布，根据高压压汞阶段进汞量特征，可以确定页岩优势孔径发育特征。图 5-5 为热模拟样品孔径分布直方图，对比发现，页岩宏孔发育规模变化明显，随着热模拟温度的上升，在热模拟温度达到 550 ℃之前(对应实测成熟度 R_o 为 2.84%)，宏孔范围内优势孔径范围变广，50～100 nm、100～200 nm、200～500 nm 和 1 000～10 000 nm 孔径明显发育增加。但当热模拟温度超过 550 ℃以后，宏孔优势孔径发育

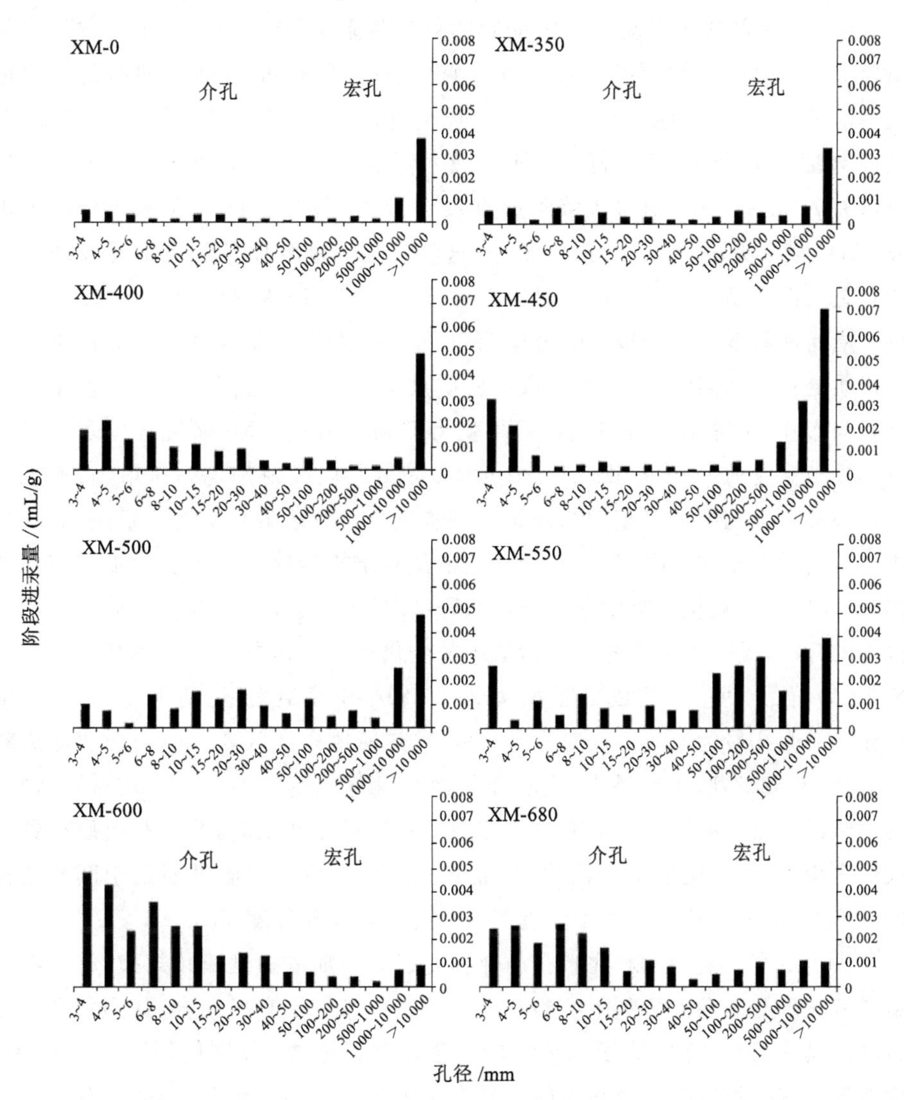

图 5-5　不同热演化阶段页岩阶段进汞量变化

规模明显减少，推测与后期围压逐渐增加，压实导致部分宏孔被破坏有关。相比而言，测试范围内，介孔随着成熟度的上升，优势孔径规模一直平稳增加。但由于高压压汞实验测试范围无法覆盖整个介孔尺度，同时对于小尺度介孔表征进度也有待商榷，因此还需借助低温液氮实验进一步表征。

借助低温液氮吸附实验，实现定量表征页岩介孔尺度孔隙结构演化规律，图 5-6 反映了低成熟样品热模拟前后的氮气吸附-解吸曲线。为了更方便直观对比页岩在热模拟前后氮气吸附量的变化规律，所有吸附-解吸曲线的吸附量最大值设为统一值(纵坐标一致)。整体而言，除样品 XM-350 外，其余样品随热模拟温度(成熟度)增加氮气吸附量最大值增加明显，从原始样品 XM-0 在相对压力 p/p_0=0.995 时最大吸附量的 7.39 cm^3/g，增加到 680 ℃模拟样品 XM-680 对应最大吸附量的 25.82 cm^3/g，这与介孔大量增加导致毛细凝聚现象加剧有关。而样品 XM-350 在相对压力 p/p_0=0.995 时吸附量为 5.07 cm^3/g，却低于原始样品 XM-0 的最大吸附量 7.39 cm^3/g，推测可能与 350 ℃条件下页岩有机质处在生油高峰有关，该阶段有机质大量生产的液态烃与沥青堵塞了部分介孔与宏孔，使得孔隙结构演化规律变得复杂。另一方面，研究还发现页岩随着热模拟温度的上升，在相对压力(p/p_0)较低阶段吸附量也有所增加，这也间接反映页岩微孔随成熟度增加开始进一步发育。对于微孔结构定量演化规律，进一步借助二氧化碳吸附实验，定量表征微孔结构随热模拟温度增加的演化规律，结果发现二氧化碳吸附量介于 0.55～1.17 cm^3/g。总体而言，随着热模拟温度的升高，吸附量呈现先增大后减小的变化规律。其中，550 ℃热模拟条件下 XM-550 样品(对应实测成熟度 R_o为 2.84%)吸附量最大，达到 1.17 cm^3/g，反映该样品微孔最为发育。同时发现，680 ℃热模拟样品 XM-680(对应实测成熟度 R_o为 3.62%)吸附量最小，反映样品微孔发育规模减小，这也与扫描电镜下观测结果一致。推测一方面有机质孔隙受高围压压实破坏，同时有机质达到过成熟度阶段，有机质发生芳构化，导致微孔减少。另一方面可能由于部分微孔进一步发育，通过孔喉连通了附近其他微孔达到介孔尺度。

为了更有效直观地对比微孔与介孔孔径分布随成熟度演化规律，笔者尝试将二氧化碳与低温液氮吸附实验获得的孔径分布结果有机结合，达到联合表征目的。具体而言，首先基于二氧化碳与液氮吸附数据，分别使用 DFT 与 BJH 模型计算获得相应孔隙分布参数。其次采用 dV/dW 孔径直方图表征获得优势孔径分布范围，由于两者表征孔径范围具有重合段，对于重合段处理采用实验测试优势计算原则，即保留两个实验中对该重合孔径段测试更有优势的实验结

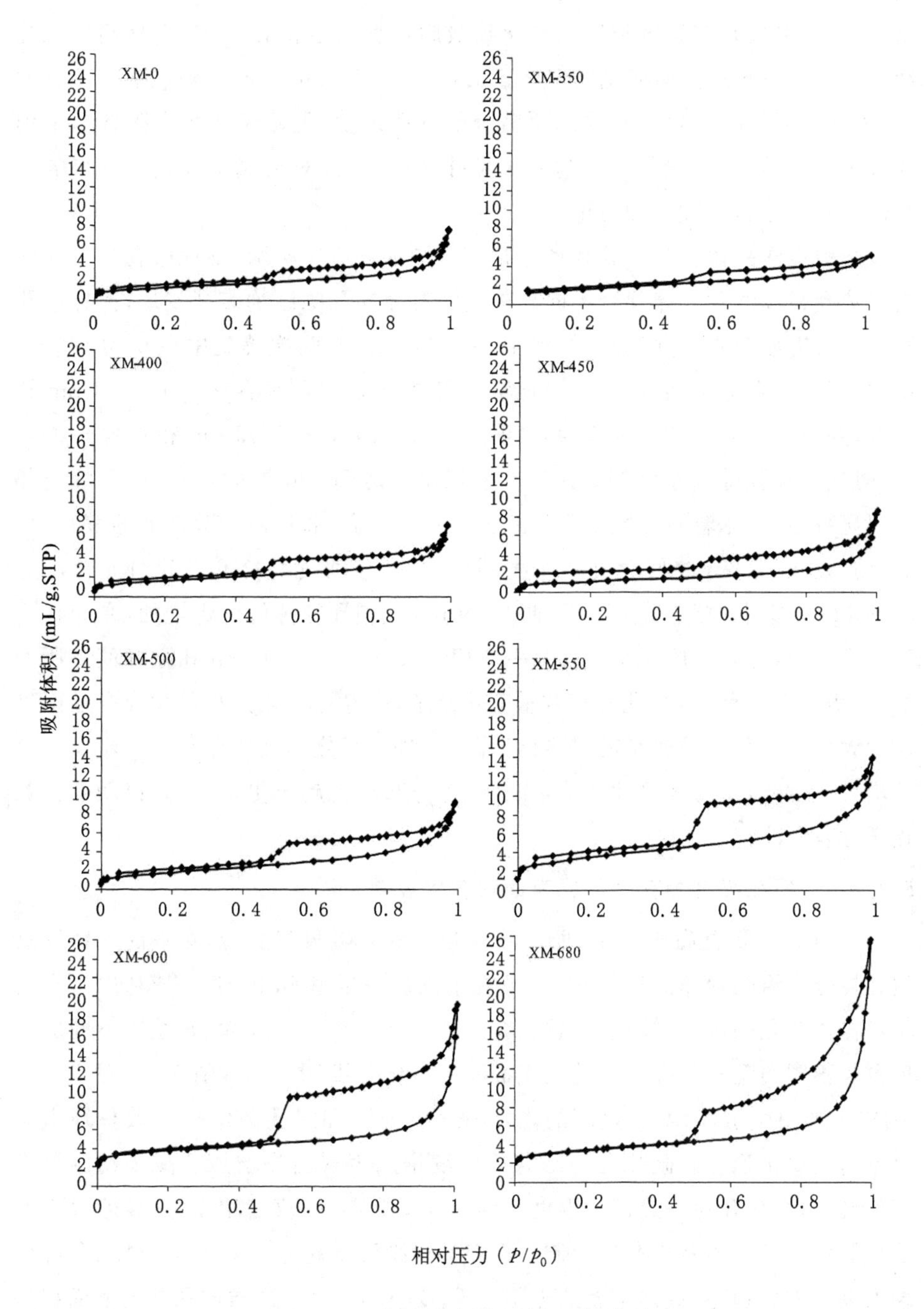

图 5-6 不同成熟度样品液氮吸附曲线

果。因此，本次研究具体采用二氧化碳吸附数据测定微孔分布（实际测试为孔径小于 1.45 nm），低温液氮测定介于 1.49～51.71 nm 之间孔隙。值得注意的是，尽管二氧化碳吸附实验并未覆盖全部微孔尺度，但由于液氮吸附数据采用 BJH 模型计算，表征结果并不适用于微孔表征，所以对液氮实验表征获得的部分微孔孔径分布不做详细讨论。

热模拟样品微孔与介孔孔径分布直方图如图 5-7 所示，发现微孔与介孔各自优势孔径段演化规律完全不同。首先针对原样孔隙结构表征发现，原样微孔孔径分布近似双峰，主峰分布在 0.48～0.63 nm 之间，次峰集中在 0.82～0.90 nm 之间。随着温度增加，双峰峰值都有明显增加，且明显存在一个 0.37 nm 孔径峰，并在 600 ℃时达到最大值，表明 0.37 nm、0.48～0.63 nm 和 0.82～0.90 nm 处的孔径孔隙大量增加。而当热模拟温度达到 680 ℃时，不同微孔峰值都有明显减小，意味着微孔数量大量减少。对比而言，通过液氮吸附实验表征，页岩介孔在 2～9 nm 之间存在一个宽缓的单峰，说明优势介孔孔径分布范围为 2～9 nm。随着热模拟温度的增加，2～9 nm 范围孔径峰值稳定增加，在 550 ℃时达到最大，随后有所减小。而另一方面，550 ℃后 9～50 nm 孔隙峰值有所增加，表明 550 ℃前后，介孔发育数量变化复杂，优势孔径段由小尺寸介孔逐渐过渡为大尺寸介孔。推测是随着热模拟温度增加，部分小尺寸介孔进一步发育尺寸增大，逐渐演化为大尺寸介孔，介孔孔隙分布演化趋于更加均匀，伴随着孔隙连通性有所改善。

5.3.3 不同孔径孔隙孔容与比表面积演化规律

上节通过联合高压压汞、低温液氮与二氧化碳吸附实验，对不同成熟度页岩孔径分布演化规律进行探讨，本节在上文讨论的基础上，进一步利用三类实验各自优势孔径段，计算获取微孔、介孔和宏孔孔容与比表面积，绘制不同成熟度页岩不同类型孔隙孔容与孔比表面积的演化曲线（图 5-8～图 5-10，图 5-11～5-13）。如图所示，随着成熟度的增加，微孔、介孔和宏孔的结构参数呈现出完全不同的演化趋势。微孔孔容随着成熟度增加表现出先增加后减小的两段式演化规律，微孔孔容在热模拟温度达到 600 ℃之前，一直稳定增大，该阶段主要受生烃作用产生的有机孔隙控制。但在热模拟温度超过 600 ℃后，微孔孔容呈现大幅度减少趋势，成熟度拐点近似在 R_o 为 3.3%处。同样微孔孔比表面积呈现出相似演化规律，并不随着成熟度增加一直呈现增加趋势，在过高成熟度之后会有反转现象。这表明在超过 3.3%的成熟度阶段后，发生大量微孔被破坏

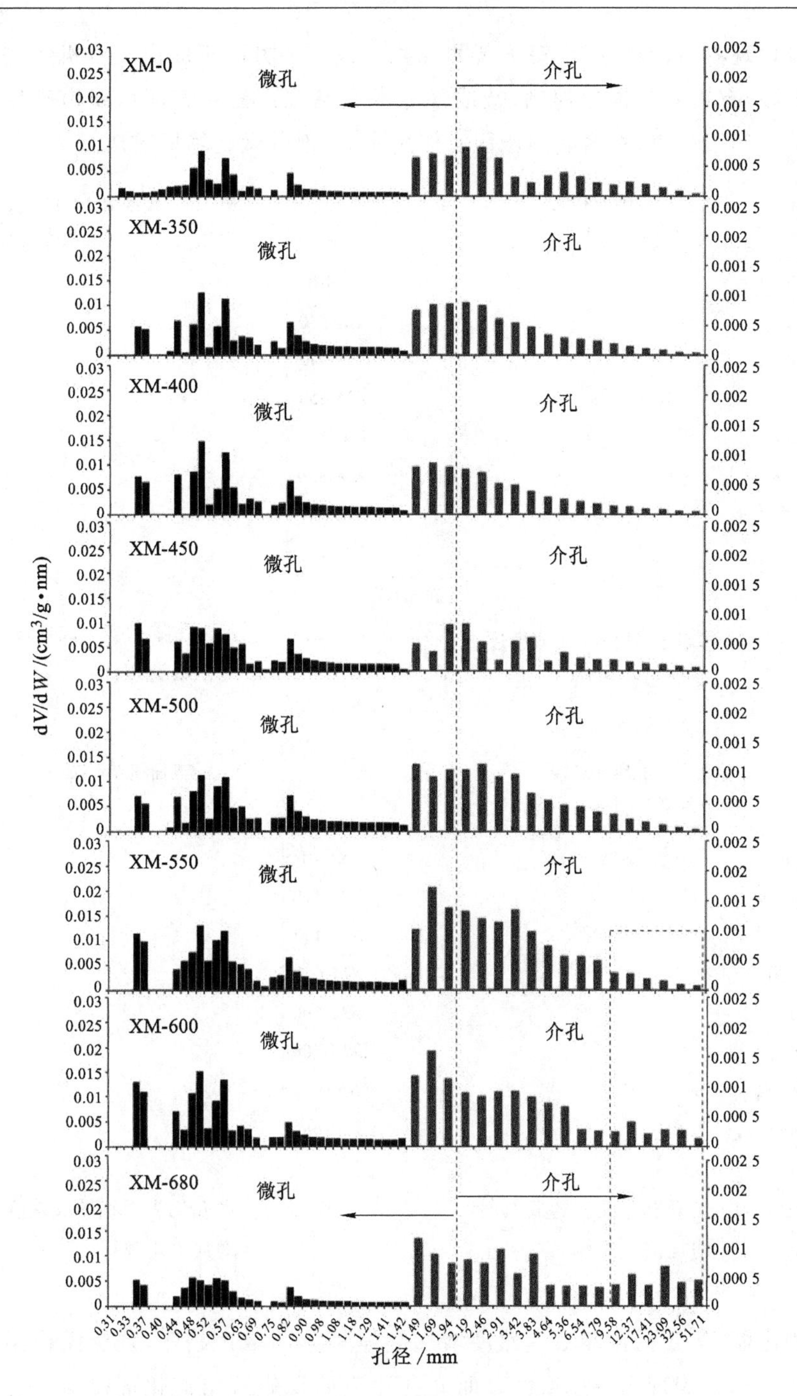

图 5-7　液氮-二氧化碳吸附联合表征孔径分布直方图

或者转化现象,这与扫描电镜下观测现象一致。一方面可能由于有机质进入过成熟阶段,有机质芳构化加剧,造成部分微孔堵塞。另一方面可能由于后期有机质生烃作用结束,页岩受围压压实作用明显,部分微孔坍塌破坏。

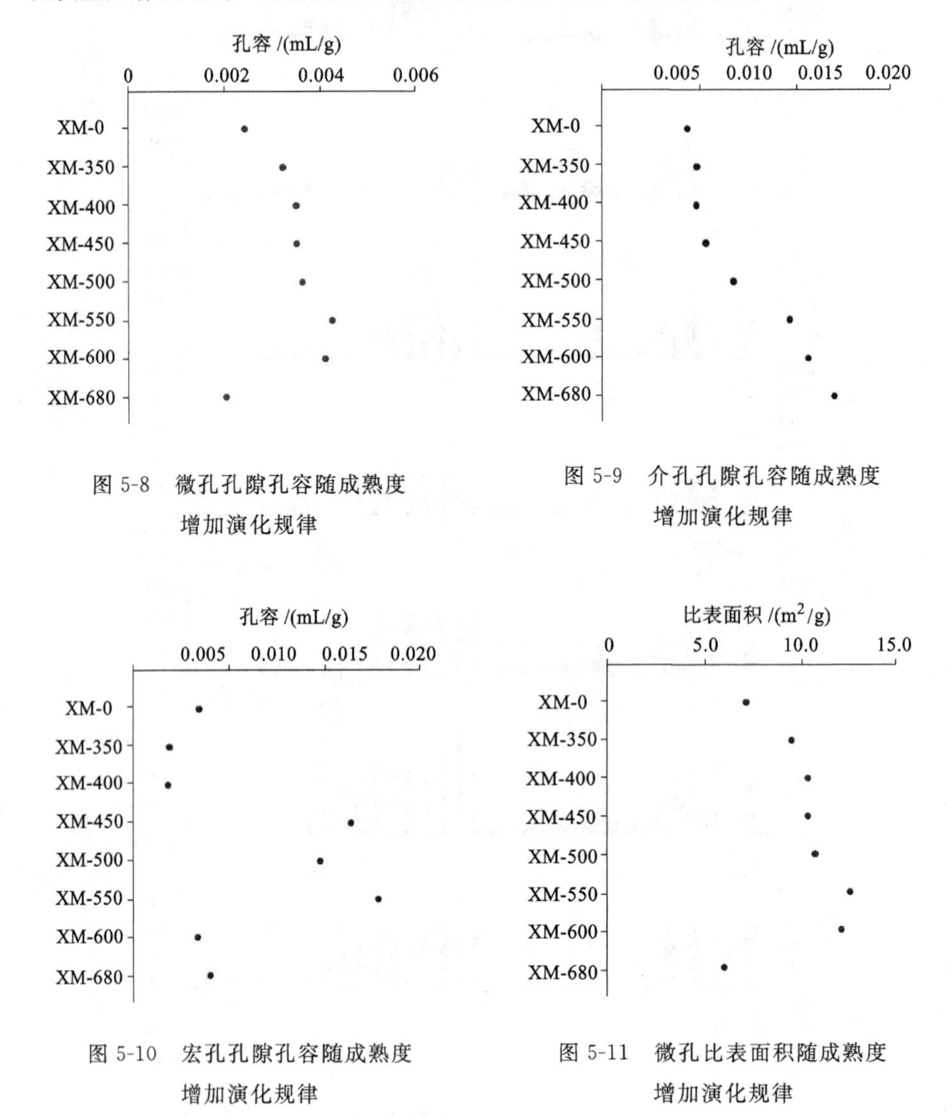

图 5-8　微孔孔隙孔容随成熟度增加演化规律

图 5-9　介孔孔隙孔容随成熟度增加演化规律

图 5-10　宏孔孔隙孔容随成熟度增加演化规律

图 5-11　微孔比表面积随成熟度增加演化规律

相比而言,介孔孔容随成熟度增加整体呈单调增大趋势,且当模拟温度超过 500 ℃后则表现出快速增大。而介孔比表面积表现出演化规律与孔容有所差异,在 500 ℃后同样表现出大幅增加,而在 550～600 ℃出现下降趋势,后 600～

680 ℃又呈现增加趋势。综合介孔孔容与孔比表面积分析认为，在550～600 ℃区间，虽然介孔孔容增大，而比表面积反而减小。推测造成这种现象是部分小孔径介孔进一步发育，使得原先不连通的小孔径介孔“连通”形成大尺度介孔或宏孔。孔容虽然增加，但比表面积反而减小。通过上文孔隙扫描电镜演化图片也的确证实了这种现象存在。

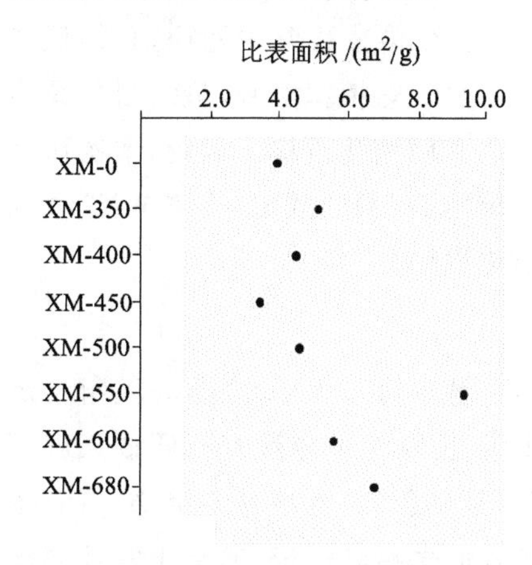

图 5-12 介孔比表面积随成熟度增加演化规律

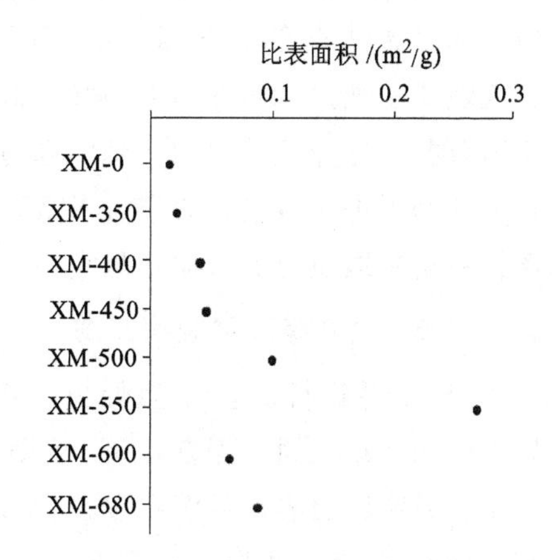

图 5-13 宏孔比表面积随成熟度增加演化规律

宏孔孔容演化规律相对最为复杂，第一阶段，在热模拟温度达到400 ℃之前，随着成熟度的增大，宏孔孔容减小，可能由于该阶段处在生油高峰期，产生的大量沥青和液态烃可能堵塞原先孔隙喉道，导致孔容逐渐减小。第二阶段，热模拟温度超过400 ℃后，孔容大幅增大，此阶段随着成熟度进一步增大，页岩逐渐进入“湿气”和“干气”阶段，一方面由于沥青进一步裂解产生大量孔隙，原先被堵塞的孔隙重新被释放，另一方面，借助扫描电镜观测，如上文5.2节讨论证实，该阶段页岩溶蚀孔大量发育，溶蚀孔隙的大量发育与有机质孔隙的进一步增加是该阶段宏孔孔容大幅增加的主要原因。第三阶段，在热模拟温度超过550 ℃后，孔容又呈现大幅减小趋势，该阶段新增有机质生烃孔隙或溶蚀孔有限，而原先形成的孔隙受围压压实作用影响，大多宏孔受到破坏，孔容降低。同时发现，宏孔比表面积与孔容呈现类似的演化规律，且对比微孔与介孔比表面积，宏孔提供的比表面积可以忽略不计。

5.4 龙马溪组孔隙演化动态规律反演

通过本章前几节，笔者借助低成熟度页岩热模拟实验，利用扫描电镜直观观测不同成熟度下有机孔和无机孔发育形貌演化特征，同时利用高压压汞、低温液氮和二氧化碳吸附，定量表征不同类型孔隙结构参数演化特征，总结低熟页岩孔隙演化规律。而选择下马岭组低熟页岩进行热模拟实验，最终目的是为了反演目前具有开发潜力的几套南方海相页岩孔隙演化规律。因此，本次研究将热模拟结果进一步结合研究区 WX2 井龙马溪组沉积埋藏史，反演 WX2 井龙马溪组在实际地质历史时期孔隙结构动态演化规律。

5.4.1 WX2 井孔隙演化规律反演

对 WX2 井进行了埋藏-生烃史分析表明(图 5-14)，WX2 井龙马溪组自沉积以来的构造演化属于振荡沉降，短期抬升型，长期深埋导致有机质成熟度不断升高。研究区自志留系沉积以来，受加里东运动影响，地层稳定沉降，一直延续到志留纪末，其沉积厚度达到 2 200 m，当时地壳相对稳定，属于正常地温场(约 3 ℃/100 m)，龙马溪组有机质尚未进入成熟阶段(R_o约为 0.45%)。该阶段页岩气主要以生物成因气为主，有机质孔隙发育规模小，页岩储层孔隙以原生残留孔隙、黏土矿物粒间孔和黄铁矿晶间孔为主，随埋深不断增加，原生孔隙破坏严重，孔隙率减小，整体孔隙不发育。

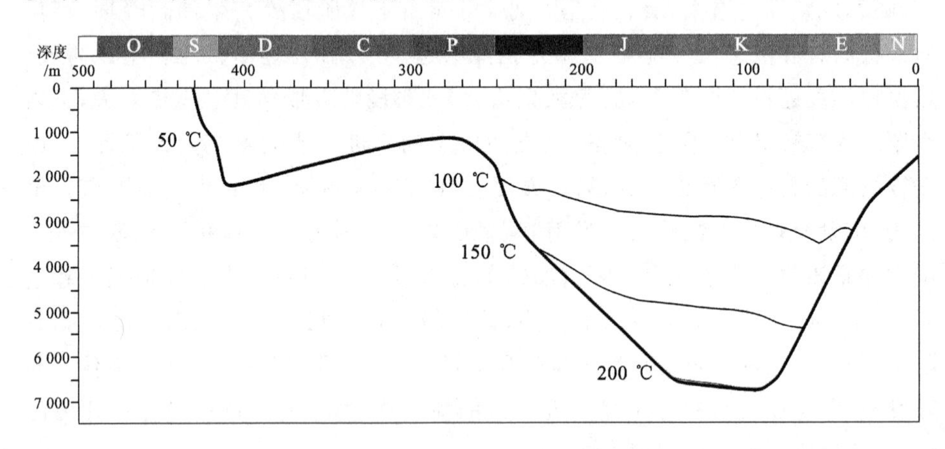

图 5-14 渝东北 WX2 井沉积埋藏史

进入海西期,研究区经历了缓慢、持续、幅度很小的抬升,至海西期末研究区开始经历又一次深埋,该阶段有机质未大规模生烃(图 5-14)。页岩储层孔隙发育整体延续上一阶段孔隙特点,末期,有机质开始生烃,产生部分有机孔隙,但规模较小。

进入印支期,研究区进一步深埋,随着埋深增加,有机质受热温度不断增加,有机质不断熟化,到三叠纪末,龙马溪组埋藏深度已经超过 4 000 m,期间有机质开始大量生油,达到生油高峰期(图 5-14)。该阶段孔隙演化显著特点就是,有机孔隙开始发育,部分黏土矿物孔隙和原生孔隙被液态烃类充填而堵塞,黏土矿物与有机质形成集合体。随着干酪根的热演化及油气的生成,产生有机酸和 H_2S 等酸性物质,使碳酸盐岩和长石等不稳定脆性矿物发生溶蚀,宏孔尺度的溶蚀孔在该阶段大量发育。

进入燕山旋回,研究区总体处于挤压构造环境,沉积了巨厚的侏罗系和白垩系,龙马溪组经历持续深埋,侏罗纪进入干气、裂解气阶段,白垩纪达到最大埋深,超过 6 500 m,有机质成熟度进一步升高,巫溪地区有机质最高受热温度超过 200 ℃,镜质体反射率最高达 2.8%,生气量不断增大。该阶段孔隙发育具有两大特点,一方面,页岩有机质进入生气窗,原先堵塞原生孔隙率液态烃也开始裂解生气,有机孔隙在该阶段大量发育。另一方面,该阶段由于深埋作用,原生孔隙以及后期次生孔隙遭受压实、破坏。有机质孔隙在该阶段占主导作用。

进入喜山期,研究区主要表现为以抬升、剥蚀为主。志留系龙马溪组在喜马拉雅早期,成熟演化基本停止,储层页岩有机质成熟度基本定形于燕山期,喜马拉雅期主要表现为储层改造与页岩气藏再调整、重新平衡阶段,由于抬升幅度较大,局部地区志留系被剥蚀,气藏遭到破坏。该阶段孔隙整体变化不大,部分原生孔隙由于地层抬升,压力减小,孔隙有一定程度恢复,整体孔隙保持稳定。

5.4.2 龙马溪组孔隙演化模式建立

上述研究基于研究区 WX2 井埋藏-生烃史,对 WX2 井龙马溪孔隙演化规律进行了系统讨论,由于该区域龙马溪组页岩成熟度最高达 2.8%,并未超过 3.0%,而通过热模拟实验已经发现,当成熟度进一步增加,页岩中纳米微孔缝结构会进一步演化,表现出不同演化规律。同时,上扬子区龙马溪组成熟度跨度较大,部分地区成熟度超过 3.5%,且中国南方另一套富有机质海相页岩筇竹寺组成熟度普遍超过 3.0%,部分达到 4.0%。因此,孔隙结构演化研究有必要覆盖页岩未成熟-成熟-高成熟-过成熟不同演化阶段。基于此,结合高温高压热模拟实验结果,考虑富有机质页岩真实地质埋藏条件,以成熟度为桥梁,笔者尝试建立海相龙马溪组/筇竹寺组页岩孔隙演化模式。页岩随着埋深增加,成岩热演化程度的加强,孔隙发育程度整体呈现出减小-增大-稳定调整-再减小的4段式演化规律:

第1阶段:孔隙系统浅埋压实缩聚阶段。对应成熟度 R_o 小于0.5%,页岩处于未成熟阶段,该阶段整体孔隙系统缩聚减小,页岩有机质主要受浅部生物作用影响,生成生物成因甲烷,同时产生少量有机孔隙。随着埋藏深度增加,较为松散的页岩骨架颗粒紧密接触,页岩孔隙网络受压实作用影响,孔隙率减小。该阶段成岩作用强度低,黏土矿物主要以蒙脱石为主,页岩孔隙系统以无机孔隙为主。

第2阶段,孔隙系统发育完善阶段。对应镜质体反射率 R_o 介于0.5%~2.0%之间,对应热模拟温度处于450 ℃之前,孔隙网络系统在该阶段快速发育。该阶段由于有机质演化程度不断增加,达到生烃高峰,有机孔隙丰富发育;同时由于有机质生烃产生的有机酸直接导致碳酸盐岩等不稳地矿物发生溶蚀现象,产生大量次生溶蚀孔隙;另一方面,该阶段大量蒙脱石向伊蒙混层再向伊利石转化,黏土矿物孔隙发育比例也同样增加。页岩在该阶段经历从生油窗-生油高峰-生气窗-生气高峰的跨越,特别是从生油高峰进入生气高峰段,孔隙发育尺度增大、分布更广、连通性也大大改善,孔隙率也由1.57%增大到4.3%。总体而言,该阶段孔隙变化最为复杂,同时孔隙形态多变,不同类型孔隙演化互相叠加影响(图5-15),页岩中几种主要孔隙类型在该阶段都充分发育且逐渐稳定。

第3阶段,孔隙系统稳定调整阶段。对应镜质体反射率 R_o 介于2.0%~3.5%之间,热模拟温度为450~600 ℃之间,孔隙网络系统整体呈现相对稳定。该阶段有机质生烃高峰期已过,新增有机质孔比例降低,有机孔演化主要表现原有有机质孔内部连通性、孔径、形貌上的变化。无机孔不再进一步增加;同时该阶段随着进一步深埋作用,原有孔隙系统遭受一定程度的压实破坏。页岩整体孔隙系统在新增有机质孔正效应与压实破坏负效应的叠合影响下,保持相对稳定状态,孔隙系统变化不大。

第4阶段,孔隙系统深埋压实破坏阶段。对应镜质体反射率 R_o 大于3.5%之后,热模拟温度大于600 ℃,页岩孔隙系统表现出明显破坏萎缩现象。一方面是由于随着埋深进一步增加,压实作用逐渐占主导地位,原先形成的有机质孔隙与无机孔隙都遭受深埋破坏,孔隙丰度、尺寸与连通性都不同程度减小,页

有机孔演化机制：早期浅埋藏阶段部分形成于微生物分解，后深埋过程经生油－生气高峰大量形成，但达到过成熟阶段有机质芳构化，孔隙被破坏。
形成阶段：生气高峰阶段，对应热模拟温度为450～550 ℃。达到 680 ℃，孔隙减少

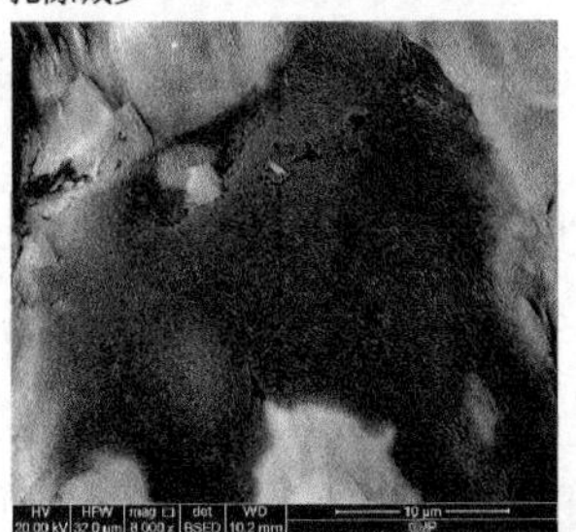

黏土矿物孔演化机制：蒙脱石向伊／蒙混层再向伊利石转化，黏土矿物形态由片状转化为纤维状孔隙尺度增大。生油阶段液态烃充注于黏土矿物间，形成有机黏土复合体，孔隙部分堵塞，后期经油裂解阶段，孔隙重新打开。
形成阶段：低熟到生油阶段，对应热模拟温度为 350 ℃

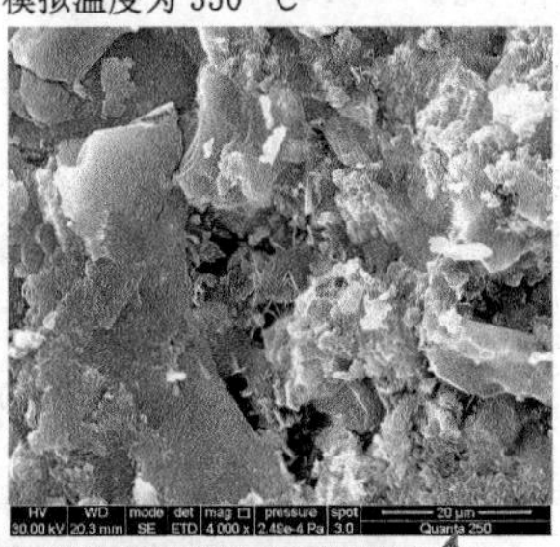

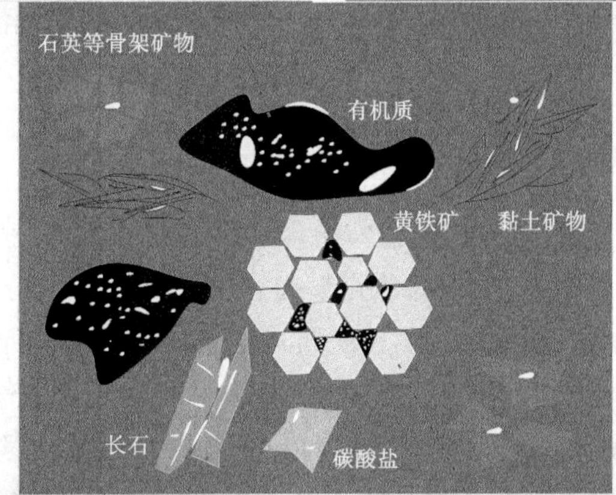

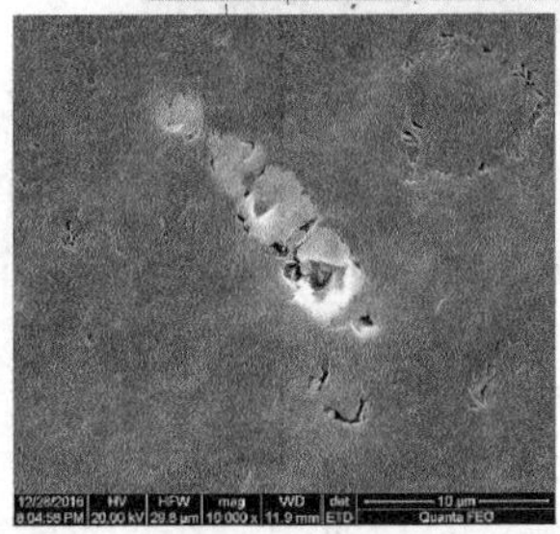

溶蚀孔演化机制：不稳定脆性矿物（长石、碳酸盐岩）溶蚀孔隙形成与有机质生烃有机酸形成有关。孔隙尺度一般较大，达到宏孔级别。
形成阶段：生油高峰－油裂解气阶段，对应热模拟温度为 400～550 ℃

有机质与黄铁矿共生孔演化机制：有机质生油阶段液态烃运移至黄铁矿晶粒件占据原始孔隙，后经过裂解气阶段生成有机纳米孔，由于刚性格架保护，孔隙大都保存较好。
形成阶段：生油高峰－油裂解气阶段，对应热模拟温度为 400～550 ℃

图 5-15　页岩孔隙系统快速发育阶段（第 2 阶段）几种典型孔隙演化机制

岩孔隙率也呈现减小趋势；另一方面随着深埋成熟度进一步增加，有机质生烃作用结束，不会产生新的有机质孔，同时有机质芳构化加剧，导致原先形成的有机质孔发生堵塞破坏。本次研究认为，该演化阶段对页岩气藏富集具有明显破坏作用，表现在无论是以游离态赋存于介孔与宏孔中的甲烷，还是以吸附态赋存于有机质微孔内的甲烷，都会由于赋存储集空间的减小而在一定程度内逸散破坏。

综合而言，富有机质页岩随着埋深逐步增加，有机质从未熟、低熟、成熟再到高过成熟阶段，页岩孔隙系统受熟化生烃作用以及成岩作用的影响，呈现出复杂的变化规律，无机孔隙与有机质孔在各个阶段呈现不同的演化规律。通过页岩孔隙系统对比分析，不难发现这样一个事实，即富有机质页岩在埋藏生烃各个阶段，页岩孔隙系统最重要的变化在于有机孔的形成、演化与破坏。

5.5 小　结

本章主要基于高温高压热模拟实验，结合不同热演化阶段孔隙结构表征，反演孔隙演化动态规律，建立孔隙演化模式，取得如下认识：

(1) 原始样品由于有机质演化程度低，有机质内部孔隙发育有限，随着热模拟温度增加，低熟页岩样品有机孔开始发育，从生油高峰到生气高峰，有机孔表现出规模增加、尺度增大、连通性改善等特点，且在高成熟阶段，小孔径孔与孔之间通过发育狭窄的喉道而彼此互相连通，形成大孔径介孔或宏孔，而达到过成熟阶段部分有机质孔隙破坏萎缩；受有机质成熟生烃产生酸性流体影响，页岩中不稳地矿物溶蚀孔也开始发育，当热模拟温度达到 400 ℃时，镜下发现长石颗粒与黄铁矿颗粒内部发育大量溶蚀孔隙；黏土矿物孔隙主要发育于低熟阶段到生油高峰期，对应热模拟温度为 350 ℃，后期受应力压实作用影响较大，难以有效保存。

(2) 随着热演化作用增强，不同孔径孔隙(微孔、介孔宏孔)结构参数演化规律各有不同，微孔孔容随着成熟度增加表现出先增加后减小的两段式演化规律，微孔孔容在热模拟温度达到 600 ℃之前，一直稳定增大，但在热模拟温度超过 600 ℃后，微孔孔容呈现大幅度减少趋势，推测与过成熟阶段有机质芳构化导致微孔破坏有关。相比而言，介孔孔容随成熟度增加整体呈单调增大趋势，且当热模拟温度超过 500 ℃后则表现出快速增大。宏孔孔容演化规律相对最为复杂，呈现先减小后增大再减小的演化规律，450～550 ℃阶段宏孔孔容达到峰值，对应溶蚀孔隙大量发育阶段。

（3）基于研究区 WX2 井沉积埋藏史，结合不同热演化阶段孔隙发育特征，将海相富有机质页岩孔隙演化从未成熟到低熟、成熟再到高过成熟，孔隙演化划分为 4 个阶段：① 孔隙系统浅埋压实缩聚阶段（R_o＜0.5%）；② 孔隙系统发育完善阶段（0.5%＜R_o＜2.0%）；③ 孔隙系统稳定调整阶段（2.0%＜R_o＜3.5%）；④ 孔隙系统深埋压实破坏阶段（R_o＞3.5%）。

6 页岩微孔缝中超临界甲烷吸附特征

页岩气储层中吸附气含量比例为20%~85%(Curtis,2002),吸附性是形成页岩气藏的核心,也是建立资源评价模型和揭示赋存机理的关键。页岩气主要吸附在有机质或黏土颗粒提供的微孔缝中(Curtis,2002;Jarvie等,2007)。本书前几章节分别针对页岩储层地化矿物学特征、微孔缝结构及其演化动态进行系统分析,为原位地层条件下页岩甲烷吸附特性特征研究奠定了良好的研究基础和理论支撑。

目前页岩气等温吸附研究从实验设计到数据处理,都延续了煤层气藏研究的思路和方法(Tan等,2014;李相方等,2014)。然而,两者虽同属于非常规天然气,但两者储层存在明显差异,导致现有的煤层气吸附研究方法并不完全适用于页岩气。相比煤储层,页岩有机碳含量明显偏低、矿物组成复杂且非均质性极强、纳米孔隙发育,页岩吸附气含量远低于煤层气。其次,页岩埋藏深度远大于煤层,龙马溪组目标开发层段埋藏深度超过3 000 m。储层的高温高压条件对页岩吸附平衡实验提出了较高的要求,也为页岩吸附等温线的精确测定带来了困难。因此,页岩吸附测试不能完全照搬煤层气吸附实验方法。

6.1 页岩超临界甲烷吸附

6.1.1 超临界气体吸附特征

针对甲烷吸附行为在煤层气领域已经开展了大量的研究,取得了丰硕的成果(崔永君等,2003;代世峰等,2009;秦勇等,2005)。

但由于现阶段开采煤层气藏埋深相对较浅,一般不超过1 000 m,煤储层压力低,室内等温吸附实验最高压力一般取8 MPa。相比而言,页岩气藏埋藏深度普遍较大,一般商业开采的页岩储层埋深超过2 000 m,储层温压更高,储层压力超过15 MPa。真实埋深条件下,环境温压远高于甲烷气体临界温压值,页岩气吸附属于超临界吸附(表 6-1)。

表 6-1 几种常用气体的物理化学参数

气体	临界温度/℃	临界压力/MPa	临界密度/(g/cm³)
CH_4	−82.6	4.59	0.162
CO_2	31.0	7.38	0.468
N_2	−147.0	3.39	0.313

超临界吸附的吸附机理与亚临界(临界温度以下)吸附存在明显差异。对于常见的亚临界条件下气体在固体表面的物理吸附,前人开展了大量研究,在此基础上根据不同假设条件提出多种吸附理论,包括 Langmuir 单分子层吸附理论、BET 多分子层理论、Dubinin-Radushkevich(DR)微孔填充理论等。Brunauer(1945)结合大量实验结果将物理吸附等温线分为 5 种类型,主要包括单分子层吸附和多分子层吸附以及含有毛细凝结的多分子层吸附。研究表明,在临界温度以下,气体的物理吸附与气体的凝结较为相似,气体在吸附表面表现出液体性质。当在超临界条件下,吸附表现出不同特点:一是吸附机理发生变化,由于超临界条件下气体不可能发生液化,原先可以将吸附相作为液体的假设存在争议;二是等温吸附曲线的形状发生了变化,众多学者基于活性炭、硅胶、碳纳米管、沸石等多孔性物质吸附实验,发现实测吸附量曲线表现出与临界温度以下吸附完全不同的特点,超临界吸附在达到一定的压力后吸附曲线出现“拐点”,吸附量到达极大值后呈现下降趋势,出现“倒吸附”现象(周理等,2000;周亚平和杨斌,2000;Zhou 等,2001;Sakurovs 等,2007,2008)。目前由于国内针对页岩或煤储层等温吸附测试压力主要停留在低压段(<10 MPa),高压段吸附数据缺乏,制约了对超临界吸附理论的研究。目前受实验条件限制,在该领域发表的相关文章较少,吸附理论还未达成共识,且对气体在超临界条件下在吸附剂表面表现出何种赋存状态也存在争议。

6.1.2 页岩等温吸附实验测试结果

对页岩气的等温吸附测试主要有两种方法:重量法和容积法。重量法是通过测量质量变化直接获取吸附量。容积法是通过测量气相压力变化,由气体状态方程和物质守恒计算吸附量。由于容积法装置较为简单、经济且容易操作,目前国内外对页岩气吸附量的测试基本采用容积法(Gasparik 等,2012;Tan 等,2014;Ma 等,2015)。同时,重量法虽然测试价格昂贵,但由于测试精度较高，对于页岩吸附表征效果较好，部分学者也建议使用重量法表征页岩吸附（聂海宽等，2013；潘磊，2016）。

本次研究分别利用容积法和重量法对研究区龙马溪组样品开展了两组系列等温吸附实验。新鲜露头样等温吸附实测数据如图 6-1 所示（容积法，最高压力约为 8 MPa，温度 30 ℃），实测吸附量呈单调递增趋势，且在最大压力处达到吸附最大值。

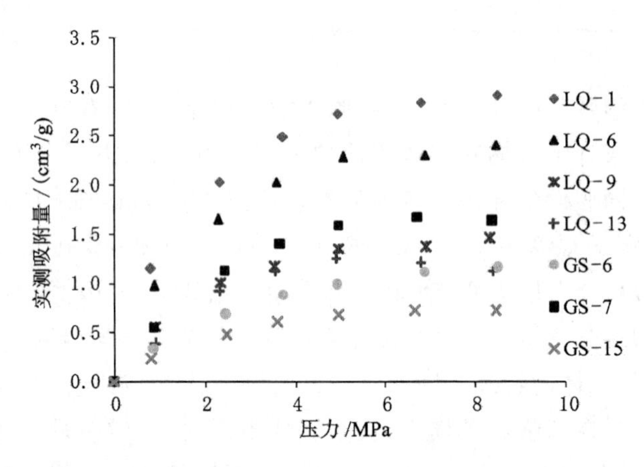

图 6-1　研究区龙马溪组露头样甲烷等温吸附数据（30 ℃）（Wang 等，2016）

同时，为了更贴近实际地层温压条件，对钻孔岩芯样品开展了更高温压吸附实验（重量法，最高压力约为 20 MPa，温度 50 ℃），实验结果如图6-2所示，发

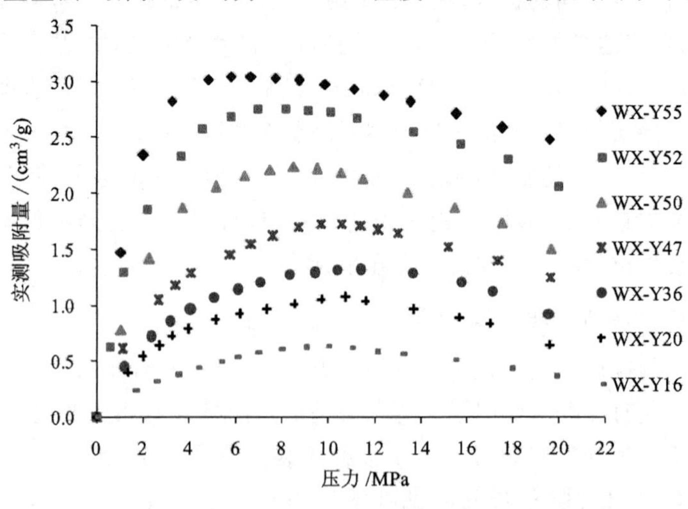

图 6-2　研究区龙马溪组 WX2 井钻孔样等温吸附数据（50 ℃）

现等温吸附数据呈现先增加后减小趋势，出现“倒吸附”现象，表现出超临界吸附特征。

对比两套实测数据发现，露头样品并未表现出明显“倒吸附”特征，这是由于吸附实验压力条件设置较低，而针对更高平衡压力的钻孔样品实测发现，“倒吸附”特征一般出现在超过 8～10 MPa 条件后，这与众多学者针对龙马溪组的测试结果接近(周尚文等，2016；Tian 等，2016；潘磊，2016)。

6.1.3 Gibbs 过剩吸附量与绝对吸附量

对于页岩吸附出现“倒吸附”现象，目前普遍存在两种情况，第一种表现为“倒吸附”发生在低压阶段，甚至实验刚开始吸附量很快出现负值或吸附数据点离散无规律，这是由于页岩吸附相比煤而言，吸附量普遍很低，对仪器精度要求很高。低压段出现“倒吸附”现象多为实验误差引起，大量学者基于不同页岩对实验过程中存在的可能误差来源进行详细分析，并提出改进措施(Ross and Bustin，2007；林腊梅等，2012；聂海宽等，2013；马行陟等，2016)，本章不再赘述。

而另一种更为普遍的情况是“倒吸附”出现在高压吸附阶段，目前部分学者研究认为该现象是由于采用 Gibbs 的吸附定义计算吸附量而引起的(Krooss 等，2002；周理等，2004；潘磊，2016)。美国物理学家和化学家 Gibbs 对经典力学规律进行总结，提出了 Gibbs 吸附公式。该成果是吸附实验的理论基础。目前实验测定的吸附量均为过剩吸附量，也叫 Gibbs 吸附量。按照 Gibbs 的吸附理论，吸附量是一个过剩概念，其值等于吸附相中超过主体气相密度(Bulk density)的那部分吸附量(图 6-3)。

根据 Gibbs 吸附定义，气体绝对吸附量与 Gibbs 过剩吸附量(实测吸附量)存在以下关系：

$$n_{ex} = n_{ab} - \rho_b V_{ad} \tag{6-1}$$

由于：

$$V_{ad} = \frac{n_{ab}}{\rho_{ad}} \tag{6-2}$$

因此，式(6-1)可以换算为：

$$n_{ex} = n_{ab}\left(1 - \frac{\rho_b}{\rho_{ad}}\right) \tag{6-3}$$

式中：n_{ex}和 n_{ab}分别为过剩吸附量和绝对吸附量；ρ_b 为主体气相密度；ρ_{ab}为吸附相密度。

从上式分析可以看出，当吸附压力较低时，主体气相(游离气)密度远小于

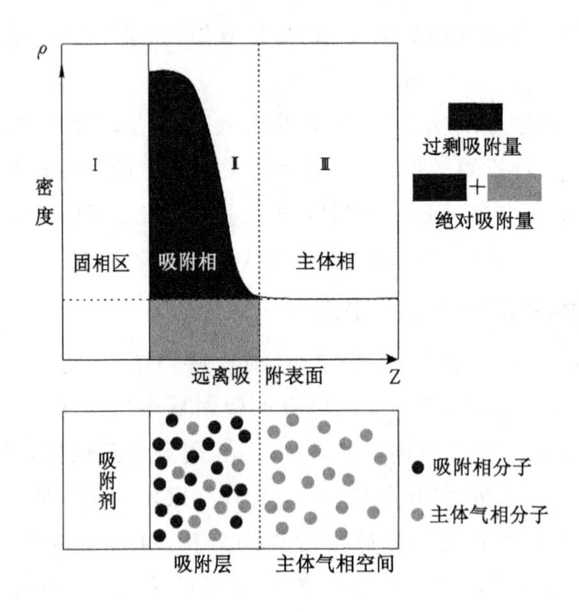

图 6-3　Gibbs 吸附理论模型示意图(据潘磊,2016)

吸附相密度,因此实测过剩吸附量与绝对吸附量差别很小。而随着实验压力逐步增加,主体气相密度快速增加,导致与吸附相密度差异减小,进一步导致实测过剩吸附量与绝对吸附量差距越来越大(图 6-4)。当压力达到某一定值时,主体相密度增加速率与吸附相密度增加速率相等,此时吸附量出现极大值。此后,随着压力进一步增加,过剩吸附量值减小,实测吸附曲线出现"倒吸附"现象。当主体气相密度与吸附相密度逐渐接近时,实测过剩吸附量将趋向于零。

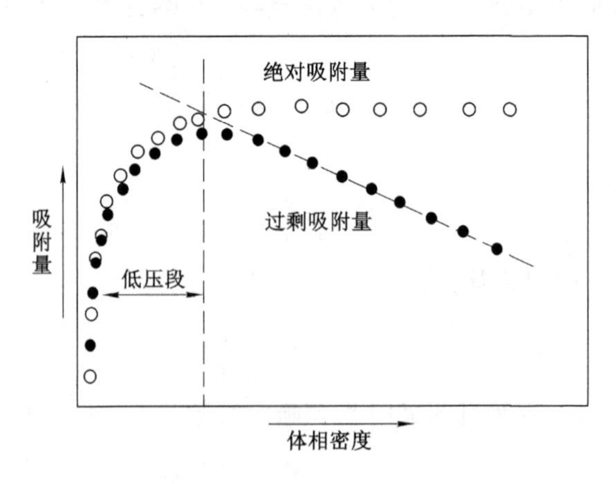

图 6-4　过剩吸附量与绝对吸附量随体相密度增加变化趋势示意图(据潘磊,2016)

6.2 页岩超临界甲烷吸附表征模型

6.2.1 吸附表征模型

研究页岩吸附表征模型不仅是为了拟合吸附等温线从而获得吸附参数,更重要地是为了揭示页岩微观吸附机理,获得模型参数的物理意义,为页岩气高效勘探开发奠定理论基础。

目前在页岩气与煤层气吸附领域应用最广的吸附表征模型主要有两种:基于单分子层吸附理论的 Langmuir 模型(Langmuir,1918)和基于微孔填充理论的 DR 模型(Dubinin,1989)。甲烷在页岩地质埋藏条件下处于超临界状态,吸附行为属于超临界吸附,从而模拟原位地层温压条件下等温吸附实验测得的吸附量均为过剩吸附量,并不是模型中的绝对吸附量。基于上节讨论过剩吸附量与绝对吸附量之间的关系,本次研究引入过剩吸附量校正项,对实际实验所测吸附量进行修正,进而将常规吸附模型扩展为超临界吸附模型。

众多学者将 Langmuir 单层吸附模型引入煤层气吸附领域,取得了很好的表征效果,对指导实际生产意义重大。本次研究引入过剩吸附量校正项,将 Langmuir 模型修正进而将常规模型扩展为超临界吸附表征模型(Gasparik 等,2012;Tian 等,2016),其表达式如下:

$$n_{ex} = n_0 \frac{P}{P_L + P}\left(1 - \frac{\rho_b}{\rho_{ad}}\right) \tag{6-4}$$

式中:n_{ex}为过剩吸附量;n_0 为最大绝对吸附量;ρ_b 为主体气相密度;ρ_{ad}为吸附相密度;P 为吸附平衡压力;P_L为 Langmuir 压力。

DR 微孔填充模型是基于吸附势理论而提出的等温吸附表征模型,该理论认为当孔隙孔径较小时,孔壁内吸附势场发生叠加,吸附质分子不再以逐层吸附为原则,而是首先吸附于孔隙内吸附势能最大的区域,表现出填充式吸附机理(Dubinin,1989;高德霖等,2004;近藤精一等,2006)。近年来,部分学者将微孔充填理论引入解释煤层气、页岩气的吸附行为(Clarkson and Bustin,1997;Tian 等,2016)。值得注意的是,超临界条件下 DR 表征模型中包含的气体饱和蒸气压 P_0失去了物理意义,使得 DR 模型难以用于表征超临界吸附特征。针对这一难题,Sakurovs 等(2007)基于大量实测研究提出,使用甲烷吸附相和游离相的密度之比(ρ_{ad}/ρ_d)替代次临界条件的饱和蒸气压和平衡压力之比(p_0/p),从而将 DR 模型应用于表征超临界吸附,修正得到超临界微孔填充模型(Supercritical Dubinin-Radushkevich, SDR)。多数学者使用 SDR 模型表征页岩高压吸附取得了理想的表征结果(Sakurovs 等,2007;Rexer 等,2013;Tian 等,2016;潘磊,2016),SDR 表征方程的表达式为:

$$n_{\rm ex} = n_0 \exp\left\{-D\left[\ln\left(\frac{\rho_{\rm ad}}{\rho_{\rm b}}\right)\right]^2\right\}\left(1-\frac{\rho_{\rm b}}{\rho_{\rm ad}}\right) \tag{6-5}$$

式中:$n_{\rm ex}$为过剩吸附量;n_0 为最大绝对吸附量;D 是与吸附剂与吸附质相关的常数,等于$(RT/\beta E)^2$;$P_{\rm L}$为 Langmuir 压力;$\rho_{\rm b}$ 为主体气相密度;$\rho_{\rm ab}$为吸附相密度。

6.2.2 吸附相密度确定与绝对吸附量校正

通过对经典吸附模型进行校正处理,可以得到描述过剩吸附量的超临界吸附表征模型。从式(6-4)、式(6-5)可以看出,为了拟合吸附实验数据,首先需要确定吸附相的密度。遗憾的是,吸附相甲烷密度测定一直是世界性难题,难以通过物理吸附实验直接测试获得,成为建立超临界吸附机理的瓶颈。目前大多学者基于不同假设对甲烷吸附相密度进行多种求解,主要存在以下 3 种方法:

方法 A:直接选取常压沸点时液体甲烷密度作为吸附相密度,取值为 0.421 g/cm^3(Harpalani 等,2006;Wang 等,2016)。

方法 B:通过实测数据中过剩吸附量下降段线性化拟合方法。该方法认为,过剩吸附量达到极大值拐点后随压力进一步增加呈线性下降趋势,说明吸附达到饱和,吸附饱和后吸附相密度和吸附相体积不再进一步增加而保持恒定(Pini 等, 2006, 2010; Chareonsuppanimit 等, 2012; Clarkson 和 Haghshenas, 2013)。由式(6-1)可拟合线性下降段直线,直线斜率的绝对值即为吸附相体积,直线与横坐标交点值即为吸附相密度(周理等,2000;周尚文等,2016)。

方法 C:将吸附相密度作为待定参数,以数学优化思想根据实测过剩吸附量通过最小二乘法拟合求得(Tian 等,2016;周尚文等,2016;潘磊,2016)。

上述三类吸附相密度求取方法被广泛用来校正过剩吸附量曲线,从而得到页岩甲烷绝对吸附量。但哪一种方法得到的校正结果更加合理,更接近实际情况还存在争议。为了校正研究区富有机质页岩超临界吸附曲线,使校正获得的绝对吸附量更加准确合理,本文分别利用上述 3 种方法对实测吸附实验数据进行分析处理。

方法 A 拟合效果验证:假设吸附相密度为定值,且取值为常压沸点时液体甲烷密度(0.421 g/cm^3),利用上述式(6-3),通过对不同压力过剩吸附量校正得到绝对吸附量分布。校正前后对比结果如图 6-5 所示,发现校正后绝对吸附量在高压段依然有明显下降趋势。绝对吸附量随压力增加而降低是明显不符合吸附理论

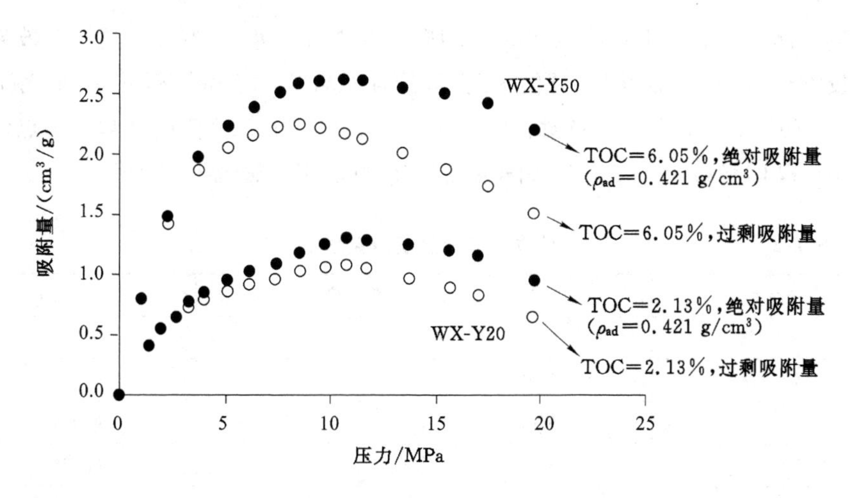

图 6-5　采用方法 A 校正得到绝对吸附量分布

的。另一方面,部分学者研究认为,超临界状态下甲烷吸附相密度应介于临界密度(0.162 g/cm³)与常压沸点液体甲烷密度(0.421 g/cm³)之间(Gensterblum,等 2013;周理等,2000;Tian 等,2016),考虑到实验条件和孔隙表面结构对甲烷吸附相密度会有影响,因此,方法 A 吸附相密度作为恒定值适用性较差。

方法 B 拟合效果验证:本次研究发现,龙马溪组页岩实测过剩吸附量在压力大于 10 MPa 后,吸附等温线出现"倒吸附"现象,且过剩吸附量下降段线性化明显(图 6-2)。因此本次研究采用实验压力大于 10 MPa 后的过剩吸附量与主体相甲烷密度进行线性拟合(图 6-6),拟合获得吸附相密度见表 6-2。部分样品

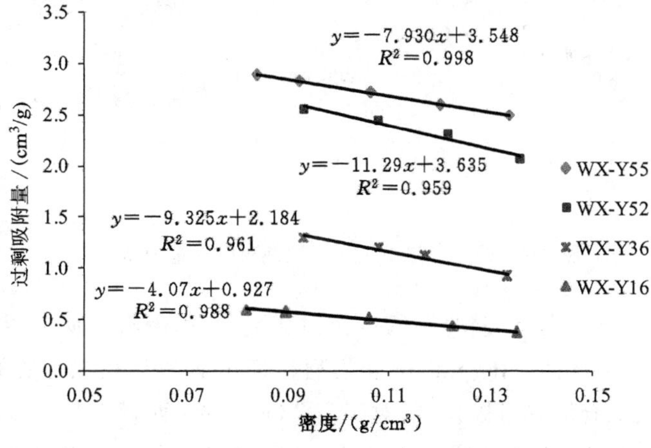

图 6-6　采用过剩吸附量线性拟合法求吸附相密度

校正后得到绝对吸附量曲线如图 6-7 所示，从图 6-7 可知，该方法的拟合效果整体较方法 A 好，但存在样品“倒吸附”段线性拟合相关系数高低不一，同时对于样品 WX-Y55，拟合得到吸附相密度达到 0.447 g/cm³，该值超过常压沸点液体甲烷密度（0.421 g/cm³），与实际情况不符，所以该方法也不宜使用。

表 6-2　　采用方法 B 计算获得吸附相密度

样品编号	TOC/%	吸附相密度/(g/cm³)	相关系数 R^2
WX-Y55	8.00	0.447	0.998
WX-Y52	5.47	0.322	0.959
WX-Y50	6.05	0.267	0.979
WX-Y47	3.58	0.286	0.996
WX-Y36	2.36	0.234	0.961
WX-Y20	2.13	0.219	0.959
WX-Y16	0.60	0.228	0.988

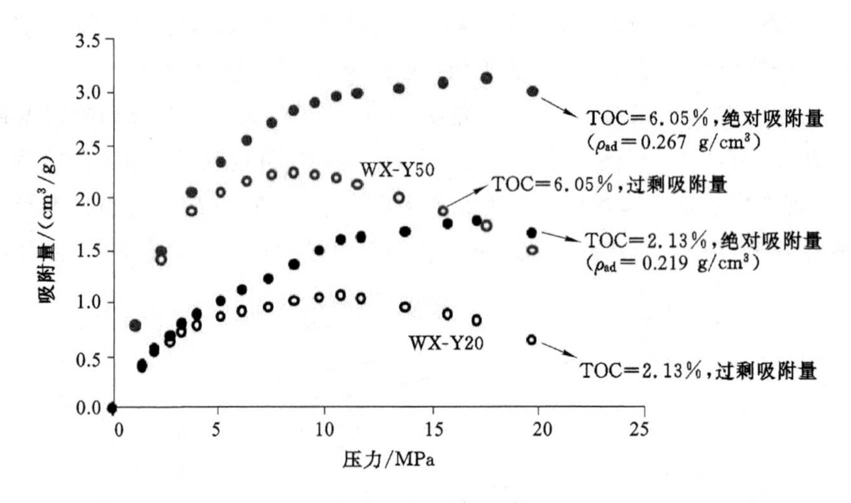

图 6-7　采用方法 B 校正得到绝对吸附量分布

方法 C 拟合效果验证：将吸附密度作为变量，使用吸附表征模型进行最优化拟合求得。分别选择 Langmuir 修正模型和 SDR 两种模型拟合实测数据，结果见表 6-3。从拟合结果可以发现，对于高 TOC 样品，两模型拟合最大吸附量较为接近，而对于 TOC 含量较低的样品，SDR 模型拟合最大吸附量普遍低于 Langmuir 模型拟合结果。同时，Langmuir 修正模型拟合得到的吸附相密度变化较大，且拟合获得样品 LQ-1、LQ-6 与 LQ-9 吸附相密度都超过液态甲烷密度(0.421 g/cm^3)，失去物理含义。相比而言，SDR 模型拟合获得吸附相密度结果合理且稳定，参数物理意义明确。这与前人研究成果一致，Tian 等(2016)基于四川盆地龙马溪组页岩超临界甲烷吸附数据，分别使用 Langmuir 修正模型与 SDR 模型校正得到甲烷吸附参数，结果发现两模型拟合获得最大吸附量相近，但 Langmuir 修正模型拟合获得吸附相密度过大，超过液态甲烷密度，推荐使用 SDR 模型。潘磊(2016)利用两种模型对下扬子二叠系页岩高压吸附数据(<35 MPa)展开拟合对比，结果表明 Langmuir 修正模型拟合结果受最大拟合压力影响明显，SDR 模型拟合结果基本保持稳定。在较低实验压力条件下，Langmuir 修正模型拟合获得吸附相密度远大于液态甲烷密度。

表 6-3　Langmuir 修正模型与 SDR 模型拟合结果对比

样品编号	TOC /%	Langmuir 修正模型			SDR 模型		
		n_0/(cm^3/g)	ρ_{ab}/(g/cm^3)	P_L	n_0/(cm^3/g)	ρ_{ab}/(g/cm^3)	D
WX-Y55	8.00	4.44	0.333	1.78	4.56	0.294	0.066
WX-Y52	5.47	4.83	0.273	3.26	4.45	0.261	0.096
WX-Y50	6.05	4.65	0.224	4.80	3.74	0.229	0.118
WX-Y47	3.58	4.29	0.228	7.92	2.88	0.253	0.130
WX-Y36	2.36	3.73	0.218	9.80	2.25	0.251	0.138
WX-Y20	2.13	2.95	0.203	9.01	1.80	0.226	0.142
WX-Y16	0.60	2.51	0.184	16.20	1.13	0.208	0.185
LQ-1	7.68	4.18	0.512	2.21	4.52	0.289	0.085
LQ-6	4.24	3.70	0.476	2.54	3.77	0.263	0.092
LQ-9	2.18	2.16	0.450	2.57	2.26	0.277	0.092
GS-6	5.23	2.17	0.397	4.91	1.92	0.342	0.104
GS-15	1.76	1.82	0.188	6.10	1.21	0.221	0.125

6.2.3　龙马溪组页岩等温吸附拟合曲线

基于本次实验两模型拟合对比结果，同时结合前人研究认识，SDR 模型拟合比 Langmuir 模型更为合理。故本次研究采用 SDR 模型拟合实测过剩吸附量。应用 SDR 模型方程拟合可获得页岩样品吸附参数，进一步可计算得到绝对吸附量(表 6-3)。根据拟合结果，研究区实测页岩最大绝对吸附量介于 1.13～

4.56 cm^3/g。同时，利用 SDR 模型分别拟合实测过剩吸附量和计算获得绝对吸附量吸附曲线，从吸附曲线拟合结果发现，过剩吸附曲线与绝对吸附曲线形态随着压力增加呈现完全不同的变化趋势(图 6-8，图 6-9)。过剩吸附量在低压段随压力增加呈快速增加趋势，并在 8～10 MPa 范围内，出现最大值，后又随压力增加呈降低趋势(图 6-8)。而绝对吸附量曲线类似 IUPAC 定义的Ⅰ型吸附曲线(Rouquerol 等，1994)，表现出在低压段(0～4 MPa)绝对吸附量快速增加，而后增加趋势变缓，且达到 8～10 MPa 后，绝对吸附量趋于饱和(图 6-9)。

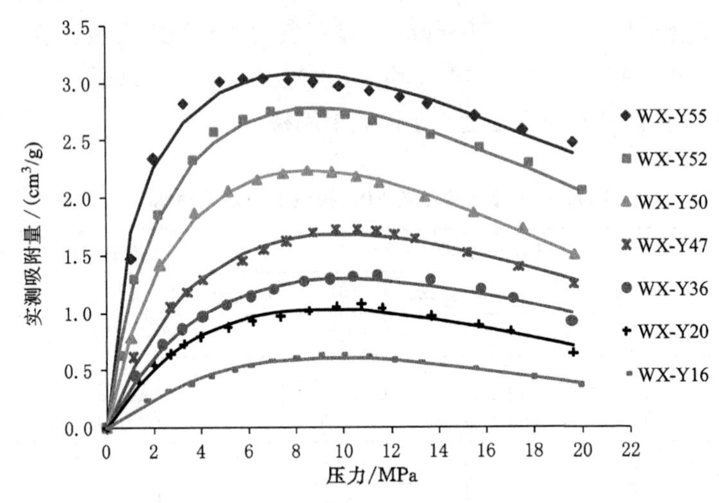

图 6-8 龙马溪组钻孔岩芯样 SDR 模型拟合甲烷过剩吸附量曲线

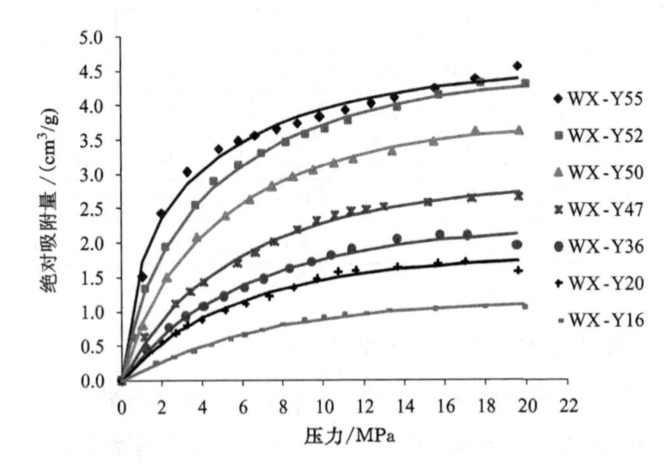

图 6-9 龙马溪组钻孔岩芯样 SDR 模型拟合甲烷绝对吸附量曲线

6.3 页岩甲烷吸附影响因素

页岩储层吸附性能影响因素众多，主要来自页岩本身特征和外部地层环境两个方面。前者包括页岩地化特征、矿物组成、孔隙结构等，后者主要包括温度和压力等。

(1) 有机碳含量对最大吸附量的影响

页岩有机碳含量是吸附含气量主控因素之一。一方面，作为页岩生烃的物质基础，其生烃能力的大小从本质上直接决定了页岩含气性。另一方面，页岩有机质可以提供良好的储集空间，有机质生烃过程中会产生大量纳米级微孔缝，而这些微孔缝可以为吸附气提供大量吸附点位。大量学者研究表明，甲烷吸附气含量与页岩有机碳含量关系密切(Lu 等，1995；Ross & Bustin，2007；Gasparik 等，2013)。本次通过对钻孔岩芯样品测试研究，发现在相同温压条件下，随着有机碳含量的增大，页岩最大吸附含气量呈现增加趋势(图 6-10)，两者间的正相关关系显著($R^2=0.916$)，反映了有机碳含量对页岩吸附能力具有重要控制作用，这也与其他学者研究结论一致(Ross & Bustin，2007；Wang 等，2016)。

(2) 矿物成分对最大吸附量的影响

由扫描电镜观测可知，页岩储层中不同矿物发育不同类型孔隙，其中石英和黏土矿物作为最主要矿物发育大量粒间孔和粒内孔，特别是黏土矿物层间孔隙发育且连通性较好。部分学者研究表明，黏土矿物往往具有较高的微孔和介孔体积以及较大的孔比表面积，对甲烷吸附具有积极的影响(Ross and Bustin，2008；Chen 等，2016；Wang 等，2016)。Lu 等(1995)研究认为在有机碳含量较低的页岩中，黏土矿物中伊利石的吸附作用至关重要。Wang 等(2016)针对上扬子区下古生界两套海相页岩研究发现，页岩中黏土矿物对吸附量贡献仅次于 TOC 含量，且黏土矿物中伊蒙混层对吸附量贡献不容忽视。本次基于钻孔岩芯样品中石英含量与黏土矿物含量对最大吸附量相关性分析表明，两种主要矿物与吸附含气量关系都不明显(图 6-11)，推测造成这种现象一方面很有可能是由于本次选择样品有机碳含量均较高，对吸附气含量起绝对控制作用，使得其他矿物的影响作用可以忽略；另一方可能由于本次实验数据有限，样本量小，不足以反映相关关系。

(3) 孔隙结构对最大吸附量的影响

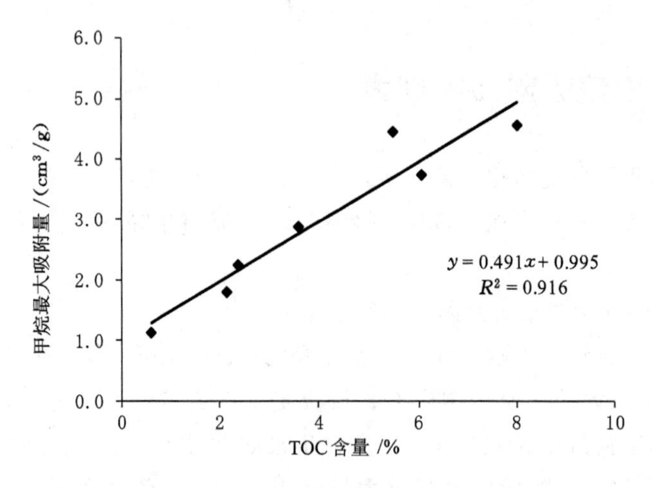

图 6-10　甲烷最大吸附量与 TOC 的关系

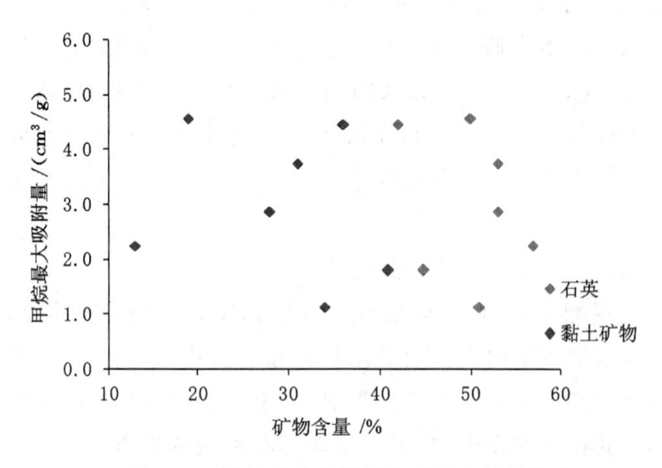

图 6-11　甲烷最大吸附量与矿物含量的关系

页岩对甲烷吸附属于物理吸附，吸附量的大小主要取决于分子间的范德华力与吸附点位的多少。因此页岩吸附量与页岩储层孔隙发育大小、分布、比表面积有着直接关系。同时，通过前几章节研究已经发现，页岩中发育不同尺度的孔隙，孔隙非均质性极强，不同尺度孔隙对吸附态甲烷贡献是否存在差异，吸附态甲烷主要受哪种孔隙控制，这些疑问都直接关系到页岩气赋存机理的建立。本次研究结合甲烷吸附含气量与第四章获得的页岩孔隙结构参数，探讨不同尺度孔隙对吸附含气量控制机理。研究发现页岩中微孔与介孔比表面积对甲烷吸附贡献巨大，正相关性显著(图 6-12)，表明吸附态甲烷主要赋存于微孔以及部分介孔内。这主要是由于微孔与介孔提供了大量的比表面积，可以满足大量页岩气吸附所需要的赋存点位。而宏孔由于提供比表面积极为有限，因此表现出对吸附态甲烷的贡献量可以忽略。

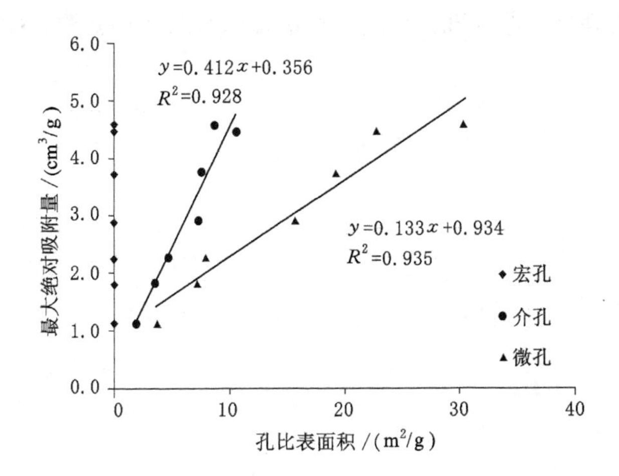

图 6-12　甲烷最大吸附量与孔隙结构关系

6.4　小　结

本章主要基于甲烷高压等温吸附实验，同时结合前文页岩地化与微孔缝结构特征研究结果，对页岩超临界条件下甲烷吸附特征、等温吸附曲线表征模型以及吸附主控因素展开系统讨论，取得如下认识：

（1）明确原位地层条件下，页岩甲烷吸附属于超临界吸附，页岩吸附机理发生了变化。实测高压条件下，龙马溪组页岩吸附曲线在低压段吸附量迅速增加，而在达到 8～10 MPa 附近出现极大值，极大值后吸附量呈现下降趋势，出现“倒吸附”现象。

（2）基于实测吸附数据，利用多种吸附相密度求解方法，对比绝对吸附量校正效果，明确将吸附相作为待定参数，从数学优化角度通过吸附模型拟合取值最为合理。通过将过剩吸附量校正项引入 Langmuir 模型和 DR 模型，得到可以表征过剩吸附曲线的 Langmuir 修正模型以及 SDR 模型。

（3）通过 Langmuir 修正模型和 SDR 模型分别校正实测过剩吸附量，从而得到页岩绝对吸附量。对比两模型拟合参数，推荐使用 SDR 模型拟合更为可靠。拟合获得龙马溪组页岩最大绝对吸附量介于 1.13～4.56 cm^3/g。结合龙马溪组页岩地化特征、矿物组成以及孔隙结构参数，研究表明页岩吸附含气量主要受 TOC 含量控制，且与 TOC 含量呈显著正相关关系。孔隙结构对吸附量影响主要表现在微孔与介孔孔比表面积能提供大量吸附点位，这与吸附量正相关关系显著。

7 页岩微孔缝结构与页岩气赋存机理

前几章节重点讨论了目的层龙马溪组页岩纳米孔隙结构特征，并且通过高温高压热模拟实验反演了孔隙动态演化规律，建立了孔隙演化模式。当然，研究微孔缝结构的最终目的一方面是为揭开页岩气赋存富集机理，另一方面是为页岩气资源评价和勘探开发服务。为了准确评估页岩气资源量，以及保证页岩气高效勘探开发，存在一个核心问题，即寻找页岩气赋存位置，游离气与吸附气在页岩储层中如何有效保存、互相转化、互相耦合？即研究页岩气赋存机理。而本书以页岩微孔缝结构为研究对象，其既是游离态与吸附态页岩气赋存的载体，又是气体在储层中运移的桥梁。因此，从纳米级微孔缝结构研究入手，分析微孔缝结构对页岩气赋存机理的控制作用，是当前急需解决的重要问题。

基于此，本书第 6 章借助高温高压甲烷吸附实验，对原位储层条件下页岩气吸附含气性展开研究，为准确评估页岩气资源量提供数据支撑，同时结合前几章微孔缝结构参数，总结了页岩吸附含气性的主控因素。但室内物理实验受限于研究尺度以及多因素叠加干扰，难以进一步揭示以纳米级尺度为主的微孔缝控制下的页岩气微观赋存机理，因此，本章节在前几章物理测试基础上，借助分子动力学模拟手段，通过构建孔隙模型，系统研究纳米级微孔缝结构对页岩气赋存机理控制作用。

7.1 模拟方法与模型建立

页岩气主要以吸附态和游离态两种方式存在，其中游离态甲烷主要赋存于孔径较大的孔隙或裂隙中，而吸附态甲烷主要吸附于微孔表面。不同类型、不同孔径的孔隙结构中的气体具有复杂的热力学状态。因此，页岩中纳米级孔隙占主导地位以及纳米级孔隙结构赋气的复杂性，成为建立页岩气赋存机理的一个瓶颈。为解决相关问题，前人引入了分子模拟的方法（Zhang 等，2014；Mosher 等,2013;Do 等,2009;Chen 等,2016a),其中蒙特卡洛(MCGC)方法最为常用。得益于近年来计算机技术的飞速发展,分子模拟方法已经成为研究微观吸附动力学过程的有力工具(Muris 等,2001;Chen 等,2016b),而在非常规油气地质领域,借助分子模拟研究成果相对较少。

基于第四章扫描电镜观测发现,页岩储层中孔隙发育非均质性极强,不仅发育尺度跨度极大,同时孔隙类型多样,既包含了有机质纳米孔隙,又包括了黏土矿物孔隙、脆性矿物溶蚀孔等无机孔隙。一方面,有机纳米孔是页岩储层中纳米级孔隙网络的最重要组成部分。另一方面,吸附态页岩气作为气体主要赋存方式之一,其赋存空间主要来源于有机质纳米级孔隙(Chalmers and Bustin,2007;Ross and Bustin,2009;Curtis 等,2012)。基于上述两方面考虑,对有机质孔隙中页岩气赋存机理的研究显得尤为重要。

本次研究基于巨正则蒙特卡洛法(grand canonical Monte Carlo method)进行吸附模拟,蒙特卡洛法是研究煤层气、页岩气甲烷吸附中最为常用的方法之一(刘聪敏,2010;Mosher 等,2013;Zhang 等,2014;Liu 等,2016)。甲烷吸附中的蒙特卡洛法是基于大规模、多样次的随机取样。模拟开始时将产生一系列的甲烷分子,这些甲烷分子将随机移动,若这些移动使得体系的能量降低则会被接受,否则将会被拒绝(Steele,2002)。经过百万次的平衡及计数之后,将获得整个体系中的甲烷分子量及分子的位置等信息。

在页岩储层中,甲烷与孔隙孔壁间的吸附为物理吸附,二者间的作用力为分子间作用力(范德华力),鉴于此模拟中所用的力场为 COMPASS(Condensed-phase Optimized Molecular Potentials for Atomistic Simulation Studies)力场(Hu 等,2010),其中范德华力可用式(7-1)来表示:

$$E_{ij} = \sum_{ij} \varepsilon_{ij} \left[2 \left(\frac{r_{ij}^0}{r_{ij}} \right)^9 - 3 \left(\frac{r_{ij}^0}{r_{ij}} \right)^6 \right] \tag{7-1}$$

其中 E_{ij} 为甲烷分子与孔壁间的分子间作用力,r_{ij},ε_{ij} 为能量参数,对于不同种原子对之间的参数 r_{ij},ε_{ij} 可以在同种原子对参数 r^0,ε 的基础上,采用六次方平均的方法计算不同种原子对的参数[式(7-2)、(7-3)]。

$$r_{i,j}^0 = \left(\frac{(r_i^0)^6 - (r_j^0)^6}{2} \right)^{1/6} \tag{7-2}$$

$$\varepsilon_{ij} = 2\sqrt{\varepsilon_i \varepsilon_i} \left(\frac{(r_i^0)^3 \cdot (r_j^0)^3}{(r_i^0)^6 \cdot (r_j^0)^6} \right) \tag{7-3}$$

模拟得到的吸附量为总吸附量,其中包括过剩吸附量(excess adsorption)与主体相(bulk phase),在实验中所测的吸附量为过剩吸附量,因此要把所得的总吸附量数据进行处理，减去主体相气体的量。主体相气体是利用 Peng-Robin 状态方程计算相应的模拟条件下（温度、压力、体积）甲烷的含量（Peng and Robinson，1976），计算公式如式（7-4）。

$$
\begin{aligned}
p &= \frac{RT}{V_m - b} - \frac{a\alpha}{V_m + 2bV_m - b^2} \\
a &= \frac{0.457\,235R^2T_c^2}{p_c} \\
b &= \frac{0.077\,96RT_c}{p_c} \\
\alpha &= (1 + \kappa(1 - T_r{}^{0.5}))^2 \\
\kappa &= 0.374\,64 + 1.542\,26\omega - 0.269\,92\omega^2 \\
T_r &= \frac{T}{T_c}
\end{aligned}
\tag{7-4}
$$

其中 ω 为气体的偏心因子，甲烷取 0.008；R 为气体常数，其值为 8.314 4 J/(mol·K)。利用公式 $V_{Excess} = V_{Total} - V_{bulk}$ 即可求得过剩吸附量、总气体含量及主体游离气量。

前人研究表明大量页岩气以吸附态赋存于有机质纳米级孔隙中。由于有机质干酪根具有大量的层状结构（Vandenbroucke and Largeau，2007；姚素平等，2012），系统分析页岩气在此类有机层状结构孔隙中的赋存状态以及动态平衡过程尤其重要。页岩有机质干酪根是复杂的混合物，受沉积环境以及有机质来源影响，其化学组成差异变化很大，其具体结构研究是公认的难题（傅家谟和秦匡宗，1995），从而直接用于构建孔隙结构模型十分困难，目前尚缺乏相关研究。因此应根据其主要特征进行一定概括，建立简化模型。由于碳是构成有机质的主要元素，可以以碳为主体构建简化的有机质纳米孔模型。结合前人研究经验，本次研究使用平行有机碳片层构成的狭缝孔隙（slit pore）简化有机质孔隙，以进一步研究甲烷分子在有机质上的吸附特征（Tan and Gubbins，1990；Mosher 等，2013）。

本研究采用平行碳片层建立的有机夹缝孔模型是在煤及页岩有机质孔隙模拟中最为常用的模型之一。如图 7-1 所示，孔隙壁面骨架由两组（每组各三层）碳片层结构构成，层与层之间的距离为 0.34 nm，每层碳层为 5×5 个碳原子所构成。两组片层结构之间的空白区域构成孔隙空间。

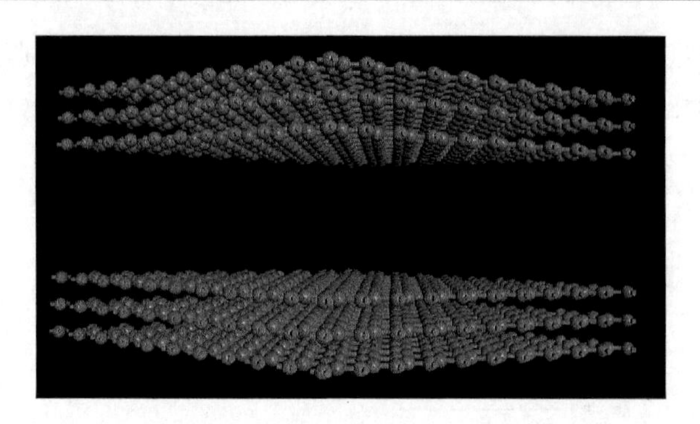

图 7-1　平行碳层构成夹缝孔模型

7.2　纳米级微孔缝中甲烷微观赋存机理

7.2.1　不同孔径孔隙中甲烷赋存特征

基于前文孔隙结构定量表征可知，龙马溪组页岩纳米级孔隙非常发育，同时具有非均质性强、孔径跨度较大等特点。由于不同尺度孔隙对于空间中甲烷作用力存在差异，这将导致甲烷吸附量以及在不同孔径不同位置的赋存状态差异很大，因此本书通过模拟仿真不同孔径的碳狭缝孔内甲烷赋存状态特征，探讨孔隙孔径对甲烷赋存特征的控制机理。

为系统研究不同孔径孔隙中甲烷赋存特征，本次研究利用分子模拟软件 Material Studio，设置不同孔径参数以及不同反应条件（温度、压力），为让系统中甲烷分子充分平衡稳定，设置模拟反应平衡步数为 1 000 000 步，再根据平衡后甲烷分子在系统里坐标，导出甲烷分子在孔隙中的空间分布图（图 7-2）和密度分布图（图 7-3）。其中密度分布图沿孔隙表面法向方向进行取样，取样步长为 0.05 nm。基于获得的甲烷分子孔隙中空间分布图和密度分布图，可以初步认识甲烷在不同孔径孔隙内的赋存状态。从图 7-2 可以看到，大量甲烷分子沿孔壁表面层状分布，构成明显的聚集层，不同孔径孔隙构成聚集层数量也有所区别。

从甲烷密度分布图中可以看到（图 7-3），在模拟温度为 30 ℃，压力为 2 MPa 和 10 MPa 条件下，不同孔径石墨狭缝孔中甲烷沿狭缝孔壁法向的密度分布规律明显。甲烷在靠近孔隙壁两侧出现一对明显的密度峰值，对应两侧吸附层，甲烷以吸附态方式存在。而在狭缝内壁之间的中央区域甲烷呈现无序分

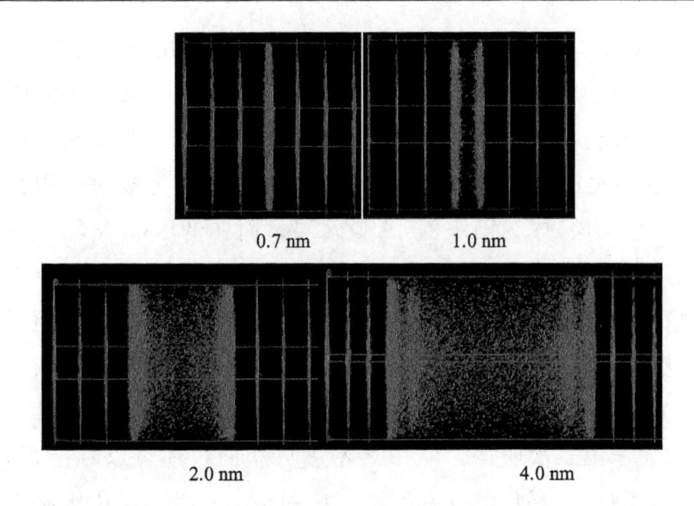

图 7-2 不同孔径内甲烷分子分布模拟图(30 ℃,10 MPa)

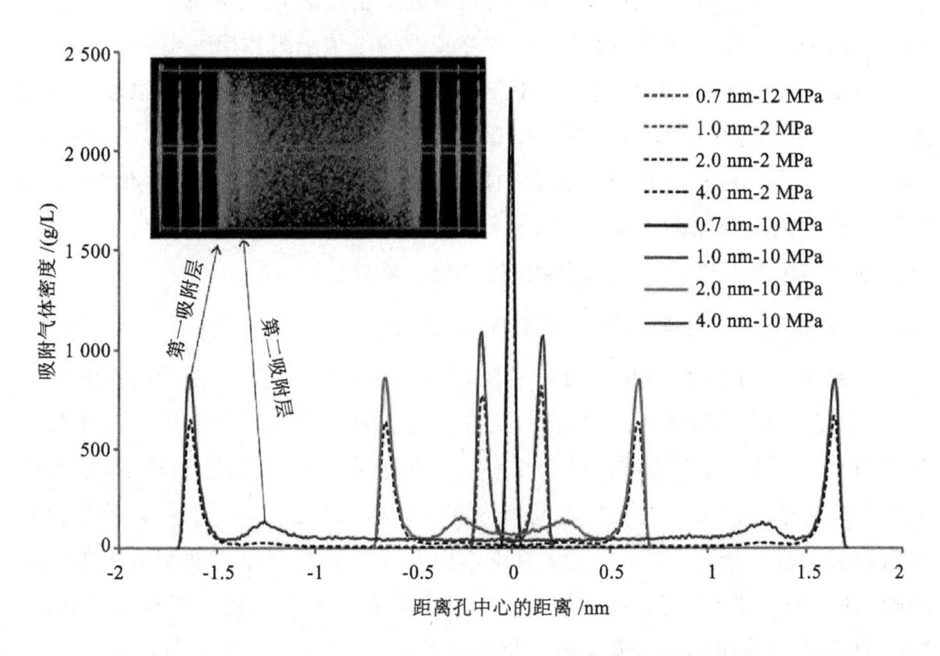

图 7-3 2 MPa 及 10 MPa 压力下不同孔径中甲烷的密度分布曲线(30 ℃)

布,且分布较为稀疏,甲烷以游离状态存在,这一区域对应游离层。密度分布曲线同时反映出处于孔隙中间位置的游离态甲烷密度远远小于靠近孔壁的吸附态甲烷密度(图 7-3)。进一步观察可以发现,0.7 nm 孔隙中只存在一层吸附层,且吸附密度比其他孔径吸附层密度大很多,这主要由于 0.7 nm 孔隙内最多只能容纳一层甲烷，且由于孔径极小，内部甲烷受两侧孔壁吸附作用力都很大，叠加作用使得甲烷吸附密度很高。当孔径进一步增大，1 nm 孔隙中孔壁两侧都存在一层吸附层。对于孔径大于 2 nm 孔隙，密度分布曲线在两侧除了一对主峰以外，又出现两个密度次峰，表明甲烷在狭缝中因为吸附作用在靠近孔壁一层形成两个分子层，成为第一、第二吸附层。而在低压(2 MPa)模拟条件下，第二吸附层并不明显，随着压力的增加逐渐变得明显，但仍远远小于第一层吸附密度值，暗示随着压力的增加，孔隙内有形成双层吸附的趋势，但仍以单层吸附为主。显然，孔隙中主要以第一吸附层位为主体。本次研究也与 Megen and Snook(1982)对于近临界区吸附机理研究结论一致，孔隙主要以第一层吸附占主导，贡献远大于第二次吸附。从甲烷密度分布曲线还可以看出，不同孔径孔隙密度分布曲线较为相似，但也有不同。特别是小孔径孔隙中吸附甲烷密度峰值高于其他较大孔径，其中，0.7 nm 孔隙中吸附密度表现尤为明显。这是由于小孔径两侧壁面作用势互相叠加，对赋存其中的甲烷吸附作用力更大。

根据上述研究可知，甲烷在靠近孔壁附近一侧形成吸附层，可以看作吸附态甲烷，而在孔隙中间远离两侧孔壁区域，随机分散于孔中，称为游离态甲烷。当孔径小于 2 nm 时，甲烷分子在孔中以吸附态为主赋存。随着孔径增加，孔隙中游离态甲烷比例逐渐增多，甲烷分子以吸附态和游离态形式共存。这表明，页岩中不同尺度孔隙对甲烷赋存状态影响至关重要。

7.2.2 不同孔径孔隙单位比表面积吸附性对比

一般而言，甲烷在多孔介质中吸附量取决于两个因素，一是吸附点位的大小，即能提供的吸附空间(比表面积)，二是吸附势能的大小，即吸附剂对甲烷吸附作用力的大小。由上述模拟研究表明，不同孔径孔隙在高压条件下，狭缝孔壁对甲烷分子作用力以及孔隙空间最多能容纳吸附层的不同，都会导致单位比表面积吸附量有所差别，为了定量讨论不同孔径孔隙单位比表面积对吸附气的影响，进一步模拟不同孔径(0.5～4.0 nm)的孔隙单位比表面积在 298 K，10 MPa 的最大过剩吸附量变化曲线(图 7-4)。

从模拟计算结果发现(图 7-4)，在 0.5～2.0 nm 范围内，随着孔径的变化，孔隙单位比表面积过剩吸附量呈阶梯式递增(图 7-4)，在这个范围内共有三个台阶，第一个台阶为 0.7～0.9 nm，第二个台阶为 1.0～1.2 nm，第三个台阶为大于 2.0 nm。第一个台阶(0.7～0.9 nm)范围内，孔隙孔径只能容纳一层甲烷分子，导致单位面积吸附量基本不变。而当孔径继续增大，达到 1.0～1.2 nm

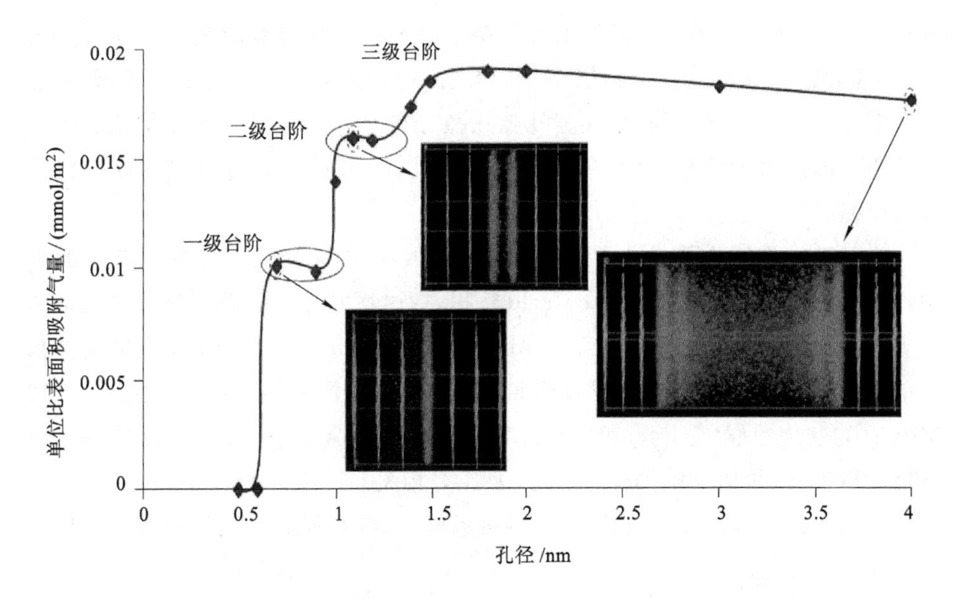

图 7-4　298 K、10 MPa 模拟条件下不同孔径孔隙单位比表面积上的过剩吸附量

之间，表现出孔壁两侧可各容纳一层甲烷分子，空间可容纳两层甲烷分子，进一步对比 1.0～1.2 nm 与 0.7～0.9 nm 的单位面积吸附量，发现两层甲烷空间的吸附量并非是单层时的两倍，这主要是随着孔径增加，甲烷分子受到另一侧孔壁的作用力亦发生了改变。在 0.7～0.9 nm 孔隙内，甲烷受孔壁两侧孔壁的作用力均较强，而当孔径达到 1.0～1.2 nm 时，甲烷受另一侧孔壁的作用力减弱，同时两层甲烷分子间也存在着一定斥力，所以表现出吸附量并非单层的两倍关系。

当孔径进一步增加，随着孔径能容纳更多吸附层，单位比表面积吸附量又进一步增大。同时发现，当孔径大于 2 nm 后，随着孔径的增加，单位面积上的吸附量并没有无限增加，而是趋于定值。根据密度分布曲线分析(图 7-3)，其主要原因是由于吸附相甲烷在孔壁一侧主要表现出最多两层吸附，且以第一层吸附为主，尽管随着孔径增大可容纳更多甲烷分子层，但并没有呈现更多吸附层。由于孔径增加，孔壁对于距离较远的甲烷作用力基本可以忽略，孔隙单位比表面积吸附量趋于饱和。因此，当孔径大于 2 nm 后，孔径进一步增大对单位比表面积吸附量的影响可以忽略。

7.2.3　孔径分布对页岩气含气量的控制作用

通过前两节分析可知，不同孔径条件下甲烷吸附层与单位比表面积的吸附量都有差异，而吸附层的不同以及孔径差距都又将直接导致游离气赋存空间的差异，这必然导致实际页岩储层中不同孔径孔隙中气体总含气量以及吸附-游离态气体耦合比例都不同，即页岩孔隙孔径分布对含气量以及赋存状态控制至关重要。因此对于两套孔隙率相近的页岩，孔径分布不同，含气量差异性值得深入研究。

为了进一步讨论孔径分布对总含气量以及吸附-游离态气体耦合关系的影响，本次研究基于巨正则 Monte Carlo 模拟，探讨不同孔径孔隙中气体含气量变化规律。图 7-5 显示了孔径为 0.7 nm、1.0 nm、2.0 nm 和 4.0 nm 有机狭缝孔隙单位面积上的总气量、过剩吸附量、游离气量在温度 30 ℃，压力为 1～10 MPa 对的变化曲线。对于孔隙中游离态甲烷而言，其状态可由 Peng-Robinson 方程计算得出，数值与空间体积、温度及压力相关。

从图 7-5 可以看出，在相同储层温度条件下，各孔径孔隙内游离气量随压力

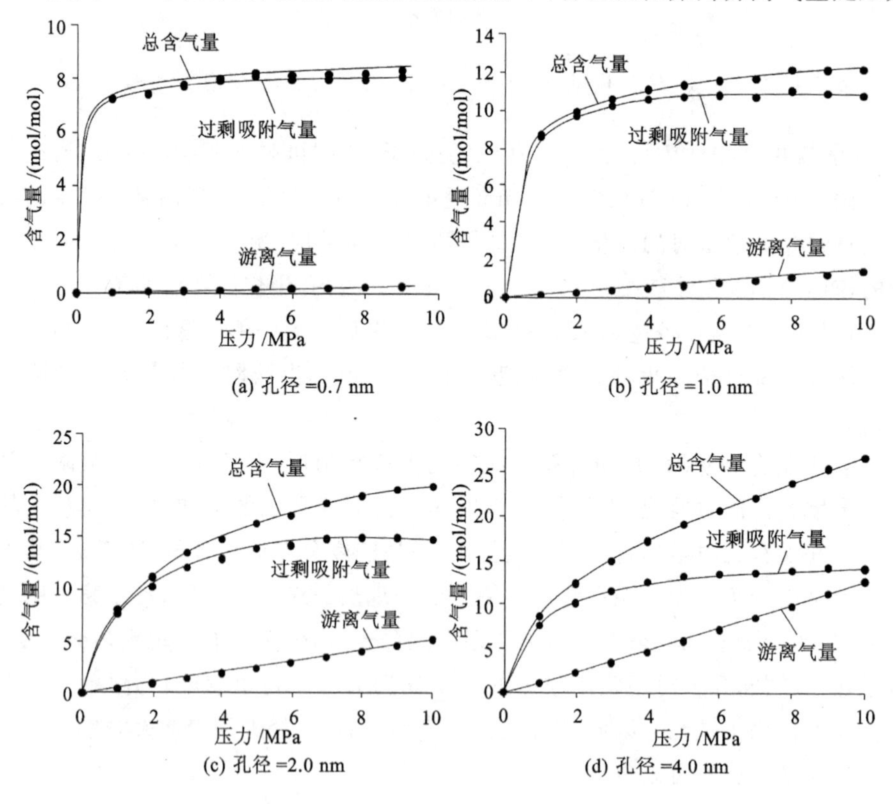

图 7-5　不同孔径孔隙中总含气量、过剩吸附气量、游离气量随压力的响应（30 ℃）

的增大而表现出相近的变化，整体均呈不断增大的趋势。同时孔径越小，游离气含量比例也越低，在孔径小于 2 nm 的微孔内，气体主要以吸附态赋存方式赋存。对于孔隙中吸附态甲烷而言，当压力增加到一定值后，达到吸附饱和状态，吸附相密度随压力增加而变化较小，此时游离相密度仍可以较为明显地增大。不同孔径中甲烷所达到吸附饱和状态的压力不同，整体表现为孔径越小，达到吸附饱和的压力越小。0.7 nm 孔隙中，压力在 1 MPa 时即接近吸附饱和状态。而在 2.0 nm 及 4.0 nm 孔隙中压力在 6 MPa 左右接近吸附饱和状态。

不同孔径中总含气量变化趋势存在着较大差异，整体表现为孔径越大，总含气量随压力的升高速率越明显。在 0.7 nm、1.0 nm 的孔隙中，总含气量随压力的变化不明显，其主要原因在于，当孔径较小时孔隙空间极为有限，且甲烷主要以吸附的方式赋存。从图中还可以看出，微孔中甲烷吸附量所占比例远大于大孔，随着孔径增大，孔隙总吸附气所占比例逐渐减小，游离气所占比例逐渐增大。

研究表明，研究区龙马溪组页岩孔隙率普遍较小，而不同区域龙马溪组页岩孔隙率一般介于 2%～6%，均值跨度不大，目前实现商业开发的焦石坝地区龙马溪组孔隙率与其他地区孔隙率也可类比，但不同地区页岩含气量以及开发效果差异巨大，在页岩生烃潜力以及成藏背景类似的条件下，造成此差异的原因值得思考。本次研究借助模拟实验进一步研究，探讨对于孔隙率相近的页岩，若孔径分布不同，对页岩气含气量的影响究竟多大。其次，基于本书第四章节页岩孔隙结构表征结果，发现龙马溪组页岩中有机质微孔极为发育，并提供大量比表面积，对吸附气含量影响巨大，同时由于页岩孔隙非均质性极强，孔隙尺度跨度大，页岩孔径分布对含气量影响特别是对吸附态页岩气含量的影响急需深入研究。

为了研究孔径分布对页岩含气量的影响，本次研究通过模拟对比不同孔径单位孔体积吸附量发现(图 7-6)，随着孔径的增加，相同压力条件下，单位孔体积吸附气含量呈现明显减少趋势，在 10 MPa 条件下，0.7 nm 孔隙单位体积吸附量是 12 nm 孔隙吸附量的 15 倍多(表 7-1)。造成如此巨大差距的原因主要有两个，第一，首先考虑是比表面积，即对于以较小孔径为主等孔体积的孔，需要更多的孔隙，这对应着更大的总比表面积，需提供更多的吸附点位。第二，考虑吸附剂与吸附质分子间的互相作用，由于小孔径孔隙孔道间距非常小，与大孔隙孔道相比吸附势能更高，从而对气体分子吸附能力更强，吸附层密度更大，吸附态甲烷含量更高。因此,对应孔隙率相近的两套页岩,孔径分布不同,其吸附气含气量差异巨大。

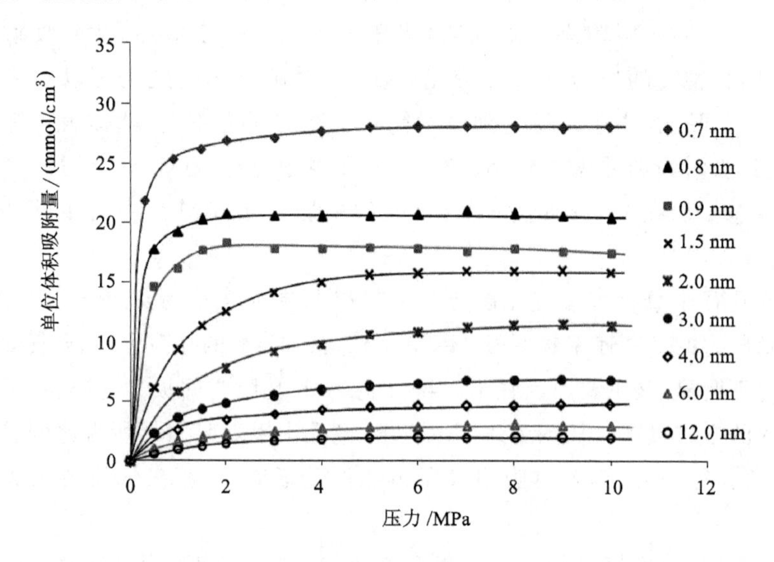

图 7-6　不同孔径孔隙单位体积过剩吸附量曲线(30 ℃)

表 7-1　不同孔径孔隙单位体积吸附含气量对比(30 ℃)

孔径/nm	2 MPa 下吸附量/(mmol/cm³)	10 MPa 下吸附量/(mmol/cm³)
0.7	26.07	30.07
0.8	19.25	20.49
0.9	17.33	17.53
1.5	12.60	15.87
2.0	7.81	11.26
3.0	4.87	6.97
4.0	3.51	4.87
6.0	2.27	3.04
12.0	1.46	1.93

7.3 模拟结果验证与应用

为了更有效地利用模拟结果,同时也为验证模拟结果的可靠性,本次研究将模拟实验结果与物理实测结果结合,探讨模拟获得页岩吸附气含量与第六章节实测吸附气含量差异。

基于本书第四章节借助高压压汞、低温液氮、二氧化碳吸附实验,基于定量联合表征结果可知,研究区龙马溪组页岩孔径分布以双峰态-微孔优势型为主,同时获得了不同孔径对页岩孔比表面积贡献分布图。以样品 WX-Y50 孔比表面积分布为例(图 7-7),样品比表面积整体呈随孔径的增加而呈减少的趋势,总比表面积主要是由小于 10 nm 的孔隙提供,且占孔隙总比表面积的 97.43%,其中小于 2 nm 的孔隙提供的比表面积占总比表面积的 88.32%。从图 7-7 中可知,该样品中大于 10 nm 范围内孔隙对比表面积贡献极为有限,而通过第四章节扫描电镜描述可知,有机质孔隙发育尺度一般较小,小于 10 nm 孔隙可以认为主要发育于有机质内。鉴于此,本次研究将样品 WX-Y50 实测比表面积数据,结合 7.2 节有机质孔模型计算出单位比表面积过剩吸附量,计算出样品 WX-Y50 各个孔径范围内过剩吸附量。

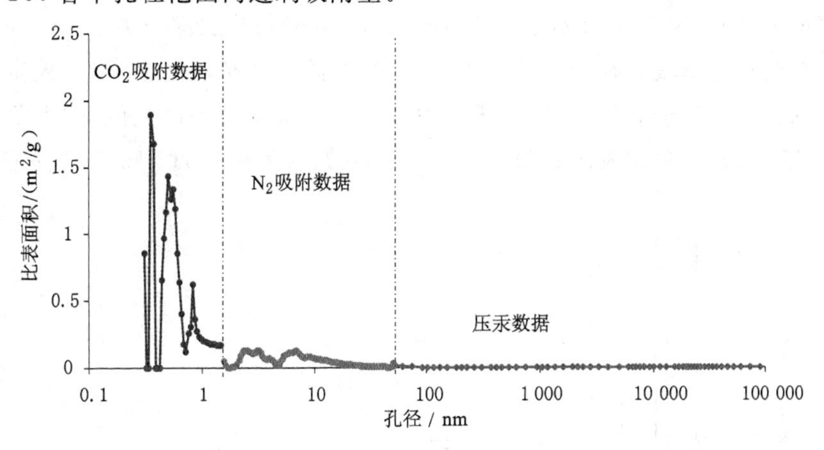

图 7-7 WX-Y50 样品比表面积-孔径关系图

通过结合物理实测孔隙比表面积分布以及不同孔径孔隙比表面积过剩吸附量模拟结果,得到样品 WX-Y50 过剩吸附量随孔径变化分布曲线(图 7-8)。从分布曲线中可以发现,吸附气含量主要由孔径小于 20 nm 孔隙贡献,占总吸附量的 97.2%，其中微孔(＜2 nm)中吸附气含量占比达到 58.7%。

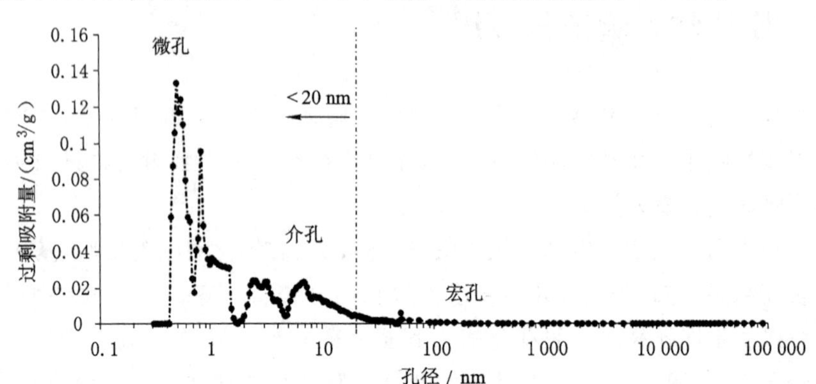

图 7-8　WX-Y50 样品过剩吸附量-孔径分布图(30 ℃,10 MPa)

这也很好验证了 6.3 节分析得到实测吸附量与微孔和介孔比表面积相关性较好的结论。进一步分析各个孔径段对应吸附气含量比例发现(图 7-9)，可将泥页岩吸附量-孔径关系分布曲线细分为三个部分：第一部分为 0.4～1 nm，泥页岩在此阶段有着较大的比表面积，但由于孔径太小，并没有足够的空间供甲烷分子进入，使得单位面积上的甲烷吸附量相对较小，此阶段比表面积占总比表面积的 63.1%，而吸附量占总吸附量的 38.5%；第二部分为 1～10 nm，泥页岩在此孔径阶段亦有较大的比表面积，且此阶段孔径相对较大，可提供足够的空间供甲烷分子吸附，单位面积上甲烷吸附量基本达到最大值，这个阶段的泥岩比表面积占总比表面的 28.5%，吸附量占总吸附量的 53.3%；第三阶段为孔

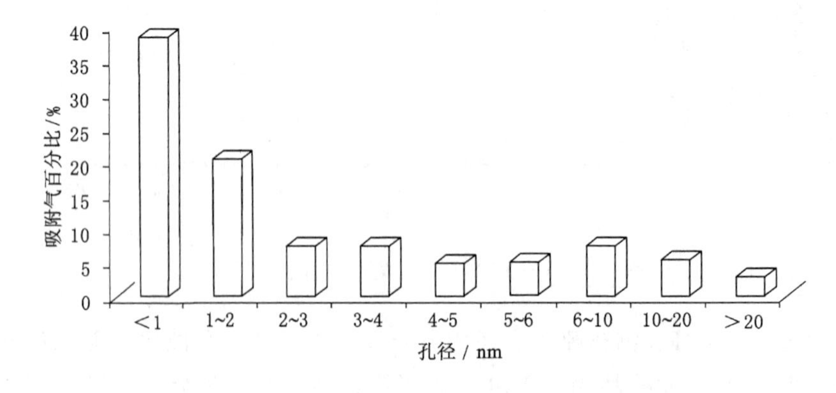

图 7-9　样品 WX-Y50 各孔径段对应吸附量比例

径大于 10 nm 部分，此阶段泥页岩孔隙孔径大，单位面积吸附量强，但由于比表面积小，使得其吸附量在总吸附量中的比值较低，吸附量占总吸附量的 8.2%。

鉴于前文模拟的结果可知，不同孔径下孔隙的单位比表面积吸附量不同，这使得泥页岩总吸附量与其比表面积并非是严格的正比例关系，孔隙的孔径结构对总吸附量亦有着很大影响，特别对于微孔级别孔隙，由于受可容纳吸附层数的影响，页岩总吸附量与孔径分布密切相关。

结合样品 WX-Y50 孔径分布实测结果与模拟得到各孔径下孔隙吸附气含量，进一步计算出对应温压条件下该页岩的总甲烷吸附量，并与实验所测得的吸附量进行对比，得到模拟与实测结果对比图 7-10。从页岩实测吸附气含量与模拟结果对比发现，吸附曲线类型相似，最大吸附量值差距不大，证明本次拟合效果较为理想。同时需要注意的是，两条吸附曲线仍存在一定的差异，造成这种差异性的因素很多，一方面是由于本次模拟采用平行碳层构建的孔隙来代替页岩有机质孔隙模型，二者在有机质物质组成及孔隙空间结构上存在着一定的差异；另一方面，页岩中含有丰富的黏土矿物，黏土矿物提供的微孔与介孔也必将影响甲烷吸附量，而本次模拟并未考虑黏土矿物孔隙吸附影响。以上这些差异必将给甲烷吸附模拟带来一定影响。总体而言，分子模拟实验结果较为理想，模拟结果与实测孔隙结构参数结合可以计算获得吸附气含量分布，可为富集有利区优选与勘探开发提供理论依据。

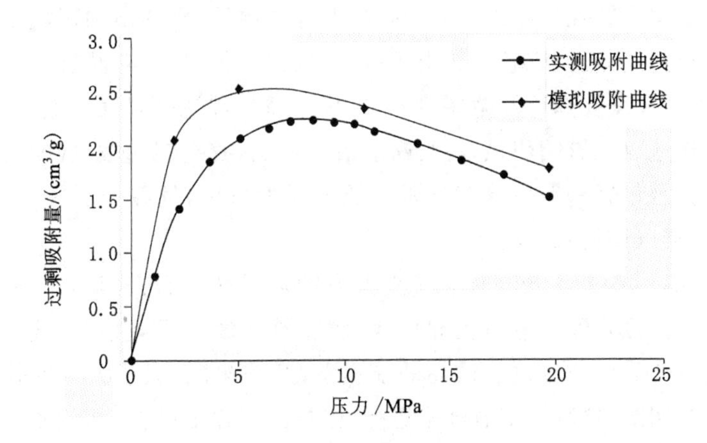

图 7-10 WX-Y50 样品实测吸附曲线与模拟吸附曲线对比

7.4 模拟结果地质外推意义

借助巨正则蒙特卡洛法吸附模拟，获得不同尺度孔隙内甲烷赋存状态以及含气性特征，通过对模拟结果与实测值验证，表明模拟结果较为可靠。因此进一步挖掘模拟实验数据潜在的含义，探讨模拟结果的实际地质意义，并用于指导勘探开发显得尤为重要。从资源评估角度分析，对于地质背景类似、总含气量差异不大以及孔隙率相近的两套页岩，若其中一套页岩孔径分布以小尺度孔隙发育为主，那么其总含气量将以高密度吸附气含量贡献占主导，气体多以吸附态赋存于微孔尺度孔隙内。其吸附态赋存状态以及微孔级别孔隙的赋存位置，在深埋高应力条件下，直接决定了该套页岩储层中气藏受后期构造改造影响相对较小，能有效保存，储层资源潜力可能更大。但同样也给开采带来一定难度，能否有效地将大量吸附气从微孔内开采出来尤为关键。开采初期，随着储层压力下降，最先开采出大孔径孔隙中的游离气，而随着储层压力进一步降低，直到压力低于临界解吸压力，赋存于小孔径孔隙中的大量高密度吸附气才逐渐解吸而被开采出。因此，受开采工艺限制，一般储层压力难以有效降低至吸附气全部解吸出来，所以该类储层表现出前期产量较低，且最终可采储量未必较高。

而若页岩储层孔径分布以大孔径孔隙发育占主导，则储层内可能以游离气贡献为主，吸附气相对贡献较小。由于该类储层内页岩气赋存状态以游离气为主，且赋存于大尺度孔隙以及微裂缝中，成藏机理与常规砂岩气类似，该类储层气藏后期受构造改造影响明显，易受断层活动影响，游离气逸散，气藏破坏。该类储层在寻找富集区一般以寻找异常高压地层为目标，气藏一般较易开采，前期产量大，但难以保持长期稳产。

由鉴于此，对于能实现规模化工业开发的页岩气藏而言，其孔径分布不应以小孔径或大孔径孔隙占绝对主导优势，而应同时含有两类孔隙，且孔隙配比合理。在气藏未受到构造改造破坏的前提下，开采初期，大量大尺度孔隙中游离气保证了初期产量较高，随着开采进行，储层压力逐渐降低，同时赋存于大量小孔径孔隙中的高密度吸附气逐渐开始解吸，从而保证了页岩气井生产中后期保持长期稳产。

7.5 小 结

本章基于前几章节孔隙物理实验表征结果，结合分子模拟以及数值模拟方法，对以纳米级孔隙为主的页岩储层中气体赋存方式以及运移方式进行系统研究，取得如下主要成果：

(1) 通过巨正则蒙特卡洛法吸附模拟获得狭缝孔中甲烷分子空间分布图和密度曲线分布图，研究表明孔隙中甲烷吸附主要呈单层吸附，随着压力增加有形成双层吸附趋势。同时发现由于孔隙大小直接影响甲烷吸附层数以及孔隙两侧叠加吸附作用势大小，使得不同尺度孔隙单位比表面积吸附量呈现三段式阶梯式增加，分别为 0.7～0.9 nm、1.0～1.2 nm，>2.0 nm，当孔径大于 2 nm 后，单位比表面积吸附量保持稳定。

(2) 进一步分析讨论孔径分布对总含气量以及吸附-游离态气体耦合关系的影响。研究表明，微孔中甲烷吸附量所占比例远大于大孔，随着孔径增大，孔隙总吸附气所占比例逐渐减小，游离气所占比例逐渐增大。同时研究发现孔径分布对页岩气含气量影响至关重要，在相同压力条件下(10 MPa)，0.7 nm 孔隙单位体积吸附量是 12 nm 孔隙吸附量的 15 倍多，对应孔隙率相近的两套页岩，孔径分布不同，其含气量差异巨大。

(3) 基于分子模拟获得各个孔径段单位比表面积吸附气含量，结合样品 WX-Y50 实测孔隙结构参数，计算获得样品吸附气含量随孔径变化分布，阐明吸附气含量主要由孔径小于 20 nm 孔隙贡献，占总吸附量的 97.2%，其中微孔(<2 nm)中吸附气含量占比达到 58.7%。进一步对比样品 WX-Y50 各压力条件下实测吸附量与模拟结果，证实模拟结果可靠。

8 结论与展望

8.1 结 论

全书以上扬子区下志留统龙马溪组富有机质泥页岩为研究对象,以页岩储层微孔缝结构演化与页岩气微观赋存机理为核心科学问题,采用野外调查-实验测试-数值模拟-理论研究方法,取得如下几个方面的主要成果:

(1) 基于翔实的野外地质调查、钻孔岩性编录以及资料调研,系统揭示研究区龙马溪组页岩宏观平面展布特征、垂向分异规律以及整体岩性特征,绘制富有机质页岩平面厚度等值线分布图。

上扬子区龙马溪组海相页岩沉积厚度较大、分布稳定,总体呈北东—南西展布,在川南和渝东附近区域形成 2 个厚度高值区。其中,川南附近富有机质页岩厚度普遍在 100 m 以上。龙马溪组岩性受沉积环境控制,垂向分异明显,可分为上、下两段,其中下段主要发育黑色碳质泥页岩,底部富含沿层面分布的笔石化石,偶见黄铁矿条带和灰岩透镜体,水平纹层发育;上段则以灰绿、黄绿粉砂质泥岩和泥质粉砂岩为主,笔石丰度明显减少。

(2) 借助有机地化实验和 X 射线衍射测试方法,定量表征研究区龙马溪组页岩储层有机地化与矿物学特征,获得有机质类型、有机碳含量、成熟度、矿物组成、页岩脆性等源岩储层要素。

龙马溪组页岩有机质原始母质主要为藻类、浮游动物和细菌等,有机质类型总体属“Ⅰ”型;龙马溪页岩有机碳含量垂向非均质性明显,下段页岩有机碳含量明显较高,平均达到 2.42%,且有机碳含量大于 2%的占总样品数的 60%以上,为页岩生烃提供了良好的物质基础;有机质成熟度高,平均达到2.65%,总体处于高-过成熟阶段。同时,龙马溪组页岩矿物成分复杂,主要以石英、黏土矿物为主,深部钻孔岩芯样品石英含量介于 21.2%～57.0%,平均达到 42.87%;黏土矿物含量介于 13.0%～69.5%,平均达到 37.36%;伊利石与伊/

蒙混层矿物是主要的黏土矿物类型，平均值分别达到50.68%和36.10%，不同页岩所含矿物含量变化较大，非均质性强。从矿物学角度定量表征岩石脆性发现，龙马溪组页岩脆性系数介于23.73%～81.43%，平均达到45.56%，较美国商业开发页岩脆性系数略低，对压裂增产技术要求更高。

(3) 借助场发射扫描电镜、高压压汞实验、低温液氮和二氧化碳吸附测试，系统界定基于形貌-成因-结构结合的龙马溪组页岩孔隙结构特征，实现多精度、多维度、全尺度定量表征不同类型孔隙结构参数，通过图像分形技术定量对比不同类型孔隙发育非均质程度，结合地化矿物学参数，阐明孔隙结构影响因素。

基于场发射扫描电镜结果，系统界定有机质孔、粒内孔、粒间孔和微裂缝发育形貌与孔径特征。统计发现有机质纳米孔发育规模最大、形态多样、孔径较小，并提出页岩储层骨架矿物形成刚性格架对有机质孔的保护机制，同时镜下发现层理发育连通性较好的纳米级尺度的微裂缝，推测该类微裂缝对页岩气赋存运移具有重要意义。进一步利用Image-Pro Plus专业图像处理软件数值化高分辨电镜照片，提取不同类型孔隙结构参数，探讨研究孔隙发育的复杂度与非均质程度，结果表明页岩不同类型孔隙发育形态自相似性均较强，具有显著的分形特征，孔隙整体分形维数 D 介于1.110 8～1.374 6，相关系数介于0.896 1～0.965 7。其中有机质孔分形维数 D 明显偏小，平均为1.160 2，而粒间孔与粒内孔分形维数 D 明显偏大，平均值分别为1.294 1和1.322 4，表明页岩中有机质孔形态复杂程度相对粒间孔和粒内孔较低，有利于页岩气赋存与运移。

同时基于高压压汞-低温液氮-二氧化碳吸附技术联合表征，实现对页岩孔隙多角度、多精度、全尺度定量表征，结果表明页岩孔隙分布以双峰态-微孔优势型为主。同时揭示页岩中孔径小于10 nm的微孔-介孔贡献主要孔比表面积，是吸附态气体赋存的主要场所，而孔体积主要来源于孔径小于200 nm的孔隙，提供了大量游离气赋存空间。

结合页岩地化特征与矿物组成，阐明页岩孔隙发育的物质主控因素。研究发现TOC不仅与微孔有很好的相关性($R^2=0.824$)，与介孔相关性也很明显($R^2=0.553$)，表明TOC对微孔与介孔发育都有很重要贡献，相比总有机碳、黏土矿物含量与微孔相关性较弱，与介孔相关性较强($R^2=0.547$)，黏土矿物发育大量介孔尺度孔隙。

(4) 基于高温高压热模拟实验，系统阐明页岩不同类型孔隙形貌-结构随热演化作用的动态演化特征，结合研究区WX2井龙马溪沉积埋藏史，以成熟度为桥梁，揭示页岩孔隙动态演化规律，建立龙马溪组孔隙演化模式。

研究发现未成熟阶段页岩有机质孔隙不发育，随着热模拟温度增加，低熟页岩样品有机孔开始发育，从生油高峰到生气高峰，有机孔表现出规模增加、尺度增大、连通性改善等特点，且在高成熟阶段，小孔径孔与孔之间通过发育狭窄的喉道而彼此互相连通，形成大孔径介孔或宏孔，而达到过成熟阶段部分有机质孔隙破坏萎缩；受有机质成熟生烃产生酸性流体影响，页岩中不稳地矿物溶蚀孔也开始发育，当热模拟温度达到 400 ℃时，镜下发现长石颗粒与黄铁矿颗粒内部发育大量溶蚀孔隙；黏土矿物孔隙主要发育于低熟阶段到生油高峰期，对应热模拟温度为 350 ℃，后期受应力压实作用影响较大，难以有效保存。

其次，随着热演化作用增强，不同孔径孔隙(微孔、介孔宏孔)结构参数演化规律各有不同，微孔孔容随着成熟度增加表现出先增加后减小的两段式演化规律，微孔孔容在热模拟温度达到 600 ℃之前，一直稳定增大，但在热模拟温度超过 600 ℃后，微孔孔容呈现大幅度减少趋势，推测与过成熟阶段有机质芳构化导致微孔破坏有关。相比而言，介孔孔容随成熟度增加整体呈单调增大趋势，且当模拟温度超过 500 ℃后则表现出快速增大。宏孔孔容演化规律相对最为复杂，呈现先减小后增大再减小的演化规律，450～550 ℃阶段宏孔孔容达到峰值，对应溶蚀孔隙大量发育阶段。

基于研究区 WX2 井沉积埋藏史，结合不同热演化阶段孔隙发育特征，将海相富有机质页岩孔隙演化从未成熟到低熟、成熟再到高过成熟，孔隙演化划分为 4 个阶段：① 孔隙系统浅埋压实缩聚阶段($R_o<0.5\%$)；② 孔隙系统发育完善阶段($0.5\%<R_o<2.0\%$)；③ 孔隙系统稳定调整阶段($2.0\%<R_o<3.5\%$)；④ 孔隙系统深埋压实破坏阶段($R_o>3.5\%$)。

(5) 借助研究区龙马溪组甲烷高压等温吸附实验，实测获得页岩超临界甲烷吸附曲线，基于 Gibbs 吸附定义，引入过剩吸附量修正项，通过超临界微孔填充模型(SDR)拟合校正得到绝对吸附量。进一步结合地化特征、矿物组成、孔隙结构等参数，阐明页岩吸附含气量主控因素。

研究表明实测等温吸附曲线在低压阶段吸附量随压力表现出迅速增加，而在达到 8～10 MPa 附近页岩吸附量达到极大值，随后随压力继续增加出现下降趋势，出现“倒吸附”现象。研究基于 Gibbs 吸附定义，系统阐明“倒吸附”现象原因，揭示实测过剩吸附量与绝对吸附量存在差异。

基于实测吸附数据，利用多种吸附相密度求解方法，对比绝对吸附量校正效果，明确将吸附相作为待定参数，从数学优化角度通过吸附模型拟合取值最为合理。通过将过剩吸附量校正项引入 Langmuir 模型和 DR 模型，得到可以表征过剩吸附曲线的 Langmuir 修正模型以及 SDR 模型。

通过 Langmuir 修正模型和 SDR 模型分别校正实测过剩吸附量，从而得到页岩绝对吸附量。对比两模型拟合参数，推荐使用 SDR 模型拟合更为合理。拟合获得龙马溪组页岩最大绝对吸附量介于 1.13～4.56 cm^3/g。结合龙马溪组页岩地化特征、矿物组成以及孔隙结构参数，研究进一步表明页岩绝对吸附量主要受 TOC 含量控制，且与 TOC 含量呈显著正相关关系。孔隙结构对吸附量影响主要表现在微孔与介孔孔比表面积提供大量吸附点位，与吸附量正相关关系显著。

(6) 基于页岩储层结构物理测试参数，依据分子动力学理论以及数值模拟方法，揭示孔隙单位比表面积吸附量随孔径增加呈阶梯式增加，阐明纳米级孔隙中气体微观赋存机理，明确孔径分布对页岩储层含气量重要的作用。

通过分子模拟获得狭缝孔中甲烷分子空间分布图和密度曲线分布图，发现孔隙中吸附主要呈单层吸附，随着压力增加有形成双层吸附趋势。同时表明，由于孔隙大小直接影响甲烷吸附层数以及孔隙两侧叠加吸附作用势，使得不同尺度孔隙单位比表面积吸附量呈现三段式阶梯式增加，分别为 0.7～0.9 nm、1.0～1.2 nm，＞2.0 nm，当孔径大于 2 nm 后，单位比表面积吸附量保持稳定。

进一步分析讨论孔径分布对总含气量以及吸附-游离态气体耦合关系的影响，发现微孔中甲烷主要以吸附态赋存为主，吸附态甲烷比例远远大于游离态甲烷。随着孔径增大，孔隙中吸附态甲烷含量所占比例逐渐减小，游离气所占比例逐渐增大。同时研究发现孔径分布对页岩气含气量影响至关重要，计算在相同压力条件下(10 MPa)，0.7 nm 孔隙单位体积吸附量是 12 nm 孔隙吸附量的 15 倍多，对应孔隙率相近的两套页岩，孔径分布不同，其含气量差异巨大。

基于分子模拟获得各个孔径段单位比表面积吸附气含量，结合样品实测孔隙结构参数，计算获得样品吸附气含量随孔径变化分布，阐明吸附含量气主要由孔径小于 20 nm 孔隙贡献，占总吸附量的 97.2%，其中微孔(＜ 2 nm)中吸附气含量占比达到 58.7%。

8.2 展望

页岩纳米级微孔缝结构是页岩储层评价的重要内容,微孔缝结构动态演化直接关系到页岩气储集空间的变化,决定着页岩气能否有效富集成藏,同时纳米级微孔缝内极复杂的页岩气赋存状态又是构建页岩气赋存机理的瓶颈。本书针对上扬子区龙马溪组页岩微孔缝结构动态演化与页岩气赋存机理展开系统研究,取得了一些成果与认识。受限于笔者认识水平和研究时间限制,本书还存在一些不足,笔者认为以下几个问题值得在后续工作中进一步深入研究:

(1) 页岩有机质孔隙成因机理及其对页岩气赋存富集影响有待更深入研究。分散有机质与聚集有机质对孔隙贡献量是否具有差异,笔石生物对有机质孔隙贡献量大小,有机黏土复合体形成机制及其对页岩气赋存富集的影响,这些问题都值得进一步研究探索。

(2) 页岩纳米级微孔缝结构模型需进一步精细与完善。构建页岩干酪根孔隙模型,同时考虑页岩中黏土矿物孔隙模型,有机结合两类孔隙模型用于页岩气吸附模拟,提高模拟精度,从而更好地揭示页岩气赋存机理,指导生产开发。

参考文献

[1] AMBROSE R J, HARTMAN R C, DIAZ-CAMPOS M, et al, 2012. Shale gas-in-place calculations part I: new pore-scale considerations[J]. SPE Journal, 17(01): 219-229.

[2] BARRETT E P, JOYNER L G, HALENDA P P, 1951. The determination of pore volume and area distributions in porous substances. I. Computations from nitrogen isotherms[J]. J. Am. chem. soc, 73(1): 373-380.

[3] BOWKER K A, 2007. Barnett Shale gas production, Fort Worth Basin: Issues and discussion[J]. Aapg Bulletin, 91(4): 523-533.

[4] BRUNAUER B S, 1945. The adsorption of gases and vapors[M]. (s. n.).

[5] BRUNAUER S, EMMETT P H, TELLER E, 1938. Adsorption of gases in multimolecular layers[J]. J. Am. Chem. Soc 60(2): 309-319.

[6] BU H, JU Y, TAN J, et al, 2015. Fractal characteristics of pores in non-marine shales from the Huainan coalfield, eastern China[J]. Journal of Natural Gas Science & Engineering, 24: 166-177.

[7] CARDOTT B J, LANDIS C R, CURTIS M E, 2015. Post-oil solid bitumen network in the Woodford Shale, USA—a potential primary migration pathway[J]. International Journal of Coal Geology, 139: 106-113.

[8] CHALMERS G R L, BUSTIN R M, 2008. Lower Cretaceous gas shales in northeastern British Columbia, Part I: geological controls on methane sorption capacity[J]. Bulletin of Canadian Petroleum Geology, 56(1): 1-21.

[9] CHALMERS G R L, BUSTIN R M, 2007. The organic matter distribution and methane capacity of the Lower Cretaceous strata of Northeastern British Columbia, Canada[J]. International of Journal of Coal Geology, 70: 223-239.

[10] CHALMERS G R, BUSTIN R M, POWER I M, 2012. Characterization of gas shale pore systems by porosimetry, pycnometry, surface area, and field emission scanning electron microscopy/transmission electron microscopy image analyses: Examples from the Barnett, Woodford, Haynesville, Marcellus, and Doig unit[J]. Aapg Bulletin, 96(6): 1099-1119.

[11] CHAREONSUPPANIMIT P, MOHAMMAD S A, ROBINSON R L J, et al, 2012. High-pressure adsorption of gases on shales: Measurements and modeling[J]. International Journal of Coal Geology, 95(1): 34-46.

[12] CHEN G, LU S, ZHANG J, et al, 2017. Keys to linking GCMC simulations and shale gas adsorption experiments[J]. Fuel, 199: 14-21.

[13] CHEN G, LU S, ZHANG J, et al, 2016. Research of CO_2 and N_2 Adsorption Behavior in K-Illite Slit Pores by GCMC Method[J]. Scientific Reports, 6.

[14] CHEN G, ZHANG J, LU S, et al, 2016. Adsorption Behavior of Hydrocarbon on Illite[J]. Energy & Fuels, 30(11): 9114-9121.

[15] CHEN J, XIAO X, 2014. Evolution of nanoporosity in organic-rich shales during thermal maturation[J]. Fuel, 129(4): 173-181.

[16] CHEN S, HAN Y, FU C, et al, 2016. Micro and nano-size pores of clay minerals in shale reservoirs: Implication for the accumulation of shale gas [J]. Sedimentary Geology, 342: 180-190.

[17] CHEN S, ZHU Y, WANG H, et al, 2011. Shale gas reservoir characterisation: A typical case in the southern Sichuan Basin of China[J]. Energy, 36 (11): 6609-6616.

[18] CLARKSON C R, BUSTIN R M, LEVYJ H, 1997. Application of the mono/multilayer and adsorption potential theories to coal methane adsorption isotherms at elevated temperature and pressure[J]. Carbon, 35 (12): 1689-1705.

[19] CLARKSON C R, BUSTIN R M, 1996. Variation in micropore capacity and size distribution with composition in bituminous coal of the Western Canadian Sedimentary Basin: Implications for coalbed methane potential [J]. Fuel, 75(13): 1483-1498.

[20] CLARKSON C R, FREEMAN M, H E L, et al, 2012. Characterization of

tight gas reservoir pore structure using USANS/SANS and gas adsorption analysis[J]. Fuel,95:371-385.

[21] CLARKSON C R, HAGHSHENAS B, 2013. Modeling of supercritical fluid adsorption on organic-rich shales and coal[C]//SPE Unconventional Resources Conference-USA. Society of Petroleum Engineers.

[22] CLARKSON C R,SOLANO N,BUSTIN R M,et al,2013. Pore structure characterization of North American shale gas reservoirs using USANS/SANS,gas adsorption,and mercury intrusion[J]. Fuel,103(1):606-616.

[23] CURTIS J B,2002. Fractured shale-gas systems[J]. AAPG Bulletin,86(11):1921-1938.

[24] CURTIS M E,CARDOTT B J,SONDERGELD C H,et al,2012. Development of organic porosity in the Woodford Shale with increasing thermal maturity[J]. International Journal of Coal Geology,103(23):26-31.

[25] CURTIS M E,SONDERGELD C H,AMBROSE R J,et al,2012. Microstructural investigation of gas shales in two and three dimensions using nanometer-scale resolution imaging[J]. AAPG bulletin,96(4):665-677.

[26] CURTIS M,AMBROSE R,SONDERGELD C,et al,2011. Investigation of the relationship between organic porosity and thermal maturity in the marcellus shale[C]// Society of Petroleum Engineers.

[27] DE BOER J H,LIPPENS B C,LINSEN B G,et al,1966. Thet-curve of multimolecular N_2-adsorption[J]. Journal of Colloid and Interface Science,21(4):405-414.

[28] DO D D,DO H D,NICHOLSON D,2009. Molecular simulation of excess isotherm and excess enthalpy change in gas-phase adsorption[J]. The Journal of Physical Chemistry B,113(4):1030-1040.

[29] DUBININ M M,1989. Fundamentals of the theory of adsorption in micropores of carbon adsorbents:characteristics of their adsorption properties and microporous structures[J]. Carbon,27(3):457-467.

[30] FATHI E,AKKUTLU I Y,2014. Multi-component gas transport and adsorption effects during CO 2,injection and enhanced shale gas recovery [J]. International Journal of Coal Geology,123(2):52-61.

[31] FISHMAN N S,HACKLEY P C,LOWERS HA,et al,2012. The nature

of porosity in organic-rich mudstones of the Upper Jurassic Kimmeridge Clay Formation, North Sea, offshore United Kingdom[J]. International Journal of Coal Geology, 103(23): 32-50.

[32] FLORENCE F, RUSHING J, NEWSHAM K, et al, 2007. Improved Permeability Prediction Relations for Low Permeability Sands[J]. Rocky Mountain Oil & Gas Technology Symposium.

[33] FREEMAN C M, MORIDIS G J, BLASINGAMET A, 2011. A numerical study of microscale flow behavior in tight gas and shale gas reservoir systems[J]. Transport in Porous Media, 90(1): 253-268.

[34] FURMANN A, MASTALERZ M, SCHIMMELMANN A, et al, 2014. Relationships between porosity, organic matter, and mineral matter in mature organic-rich marine mudstones of the Belle Fourche and Second White Specks formations in Alberta, Canada[J]. Marine & Petroleum Geology, 54(6): 65-81.

[35] GAO X, LIU L, JIANG F, et al, 2015. Analysis of geological effects on methane adsorption capacity of continental shale: a case study of the Jurassic shale in the Tarim Basin, northwestern China[J]. Geological Journal, 51(6): 936-948.

[36] GASPARIK M, BERTIER P, GENSTERBLUM Y, et al, 2013. Geological controls on the methane storage capacity in organic-rich shales[J]. International Journal of Coal Geology, 123(2): 34-51.

[37] GASPARIK M, GHANIZADEH A, BERTIERP, et al, 2012. High-pressure methane sorption isotherms of black shales from the netherlands [J]. Energy & Fuels, 26(8): 4995-5004.

[38] GENSTERBLUM Y, MERKEL A, BUSCH A, et al, 2013. High-pressure CH_4, and CO_2, sorption isotherms as a function of coal maturity and the influence of moisture[J]. International Journal of Coal Geology, 118(3): 45-57.

[39] GORBANENKO O O, LIGOUIS B, 2014. Changes in optical properties of liptinite macerals from early mature to post mature stage in Posidonia Shale (Lower Toarcian, NW Germany)[J]. International Journal of Coal Geology, 133: 47-59.

[40] GREGG S J,SING K S W,1982. Adsorption,surface area,and porosity [M]. Academic Press.

[41] GUO C,XU J,WU K,et al,2015. Study on gas flow through nano pores of shale gas reservoirs[J]. Fuel,143:107-117.

[42] HAO F,ZOU H,LU Y,2013. Mechanisms of shale gas storage:Implications for shale gas exploration in China[J]. AAPG bulletin, 97(8): 1325-1346.

[43] HARKINS W D,JURA G,1944. The Decrease (π) of Free Surface Energy (γ) as a Basis for the Development of Equations for Adsorption Isotherms; and the Existence of Two Condensed Phases in Films on Solids [J]. The Journal of Chemical Physics,12(3):112-113.

[44] HARPALANI S,AND B K P,DUTTA P,2006. Methane/CO_2 Sorption Modeling for Coalbed Methane Production and CO_2 Sequestration[J]. Energy & Fuels,20(4):1591-1599.

[45] HILL R J,ZHANG E,KATZ B J,et al,2007. Modeling of gas generation from the Barnett Shale,Fort Worth Basin,Texas[J]. AAPG Bulletin,91 (4):501-521.

[46] HU H,LI X,FANG Z,et al,2010. Small-molecule gas sorption and diffusion in coal:Molecular simulation[J]. Energy,35(7):2939-2944.

[47] HU J,TANG S,ZHANG S,2015. Investigation of pore structure and fractal characteristics of the Lower Silurian Longmaxi shales in western Hunan and Hubei Provinces in China[J]. Journal of Natural Gas Science & Engineering,28(6):522-535.

[48] JARVIE D M,HILL R J,RUBLE T E,et al,2007. Unconventional shale-gas systems:The Mississippian Barnett Shale of north-central Texas as one model for thermogenic shale-gas assessment[J]. AAPG Bulletin,91 (4):475-499.

[49] JAVADPOUR F,2009. Nanopores and apparent permeability of gas flow in mudrocks (shales and siltstone)[J]. Journal of Canadian Petroleum Technology,48(8):16-21.

[50] JIAO K,YAO S,LIU C,et al,2014. The characterization and quantitative analysis of nanopores in unconventional gas reservoirs utilizing FESEM-

FIB and image processing:An example from the lower Silurian Longmaxi Shale,upper Yangtze region,China[J]. International Journal of Coal Geology,128(3):1-11.

[51] KARRNIADAKIS G E,BESKOK A,ALURU N R,2005. Microflows and nanoflows:fundamentals and simulation [M]. New York:Springer verlag.

[52] KO L T,LOUCKS R G,ZHANG T,et al,2016. Pore and pore network evolution of Upper Cretaceous Boquillas (Eagle Ford-equivalent) mudrocks:Results from gold tube pyrolysis experiments[J]. AAPG Bulletin,100(11):1693-1722.

[53] KRISHNA R,2009. Describing the Diffusion of Guest Molecules Inside Porous Structures [J]. Journal of Physical Chemistry C, 113 (46): 19756-19781.

[54] KROOSS B M,BERGEN F V,GENSTERBLUM Y,et al,2002. High-pressure methane and carbon dioxide adsorption on dry and moisture-equilibrated Pennsylvanian coals[J]. International Journal of Coal Geology,51(2):69-92.

[55] KUILA U,PRASAD M,2013. Specific surface area and pore-size distribution in clays and shales[J]. Geophysical Prospecting,61(2):341-362.

[56] LANGMUIRI,1918. The adsorption of gases on plane surfaces of glass, mica and platinum[J]. J. am. chem. soc,143(9):1361-1403.

[57] LEWAN M D,ROY S,2011. Role of water in hydrocarbon generation from Type-I kerogen in Mahogany oil shale of the Green River Formation [J]. Organic Geochemistry,42(1):31-41.

[58] LEWAN M D,WILLIAMS J A,1987. Evaluation of petroleum generation from resinites by hydrous pyrolysis[J]. Aapg Bulletin,71(71):207-214.

[59] LEWAN M D, 1993. Laboratory Simulation of Petroleum Formation [M]// Organic Geochemistry. Springer US:419-442.

[60] LIU G,ZHAO Z,SUN M,et al,2012. New insights into natural gas diffusion coefficient in rocks[J]. Petroleum Exploration & Development, 39 (5):597-604.

[61] LIU Y,ZHU Y,LI W,et al,2016. Molecular simulation of methane ad-

sorption in shale based on grand canonical Monte Carlo method and pore size distribution[J]. Journal of Natural Gas Science & Engineering, 30: 119-126.

[62] LOUCKS R G, REED R M, RUPPEL S C, et al, 2009. Morphology, Genesis, and Distribution of Nanometer-Scale Pores in Siliceous Mudstones of the Mississippian Barnett Shale[J]. Journal of Sedimentary Research, 79 (12): 848-861.

[63] LOUCKS R G, REED R M, RUPPEL S C, et al, 2012. Spectrum of pore types and networks in mudrocks and a descriptive classification for matrix-related mudrock pores[J]. AAPG Bulletin, 96(6): 1071-1098.

[64] LU X C, LI F C, WATSON A T, 1995. Adsorption studies of natural gas storage in devonian shales[J]. Spe Formation Evaluation, 10(2): 109-113.

[65] MA Y, ZHONG N, LI D, et al, 2015. Organic matter/clay mineral intergranular pores in the Lower Cambrian Lujiaping Shale in the north-eastern part of the upper Yangtze area, China: A possible microscopic mechanism for gas preservation [J]. International Journal of Coal Geology, 137: 38-54.

[66] MASTALERZ M, HE L, MELNICHENKO Y B, et al, 2012. Porosity of Coal and Shale: Insights from Gas Adsorption and SANS/USANS Techniques[J]. Energy & Fuels, 26(8): 5109-5120.

[67] MASTALERZ M, SCHIMMELMANN A, DROBNIAK A, et al, 2013. Porosity of Devonian and Mississippian New Albany Shale across a maturation gradient: Insights from organic petrology, gas adsorption, and mercury intrusion[J]. AAPG bulletin, 97(10): 1621-1643.

[68] MATHIA E J, BOWEN L, THOMAS K M, et al, 2016. Evolution of porosity and pore types in organic-rich, calcareous, Lower Toarcian Posidonia Shale[J]. Marine & Petroleum Geology, 75: 117-139.

[69] MEGEN W V, SNOOK I K, 1982. Physical adsorption of gases at high pressure[J]. Molecular Physics, 47(3): 629-636.

[70] MONTGOMERY S L, JARVIE D M, BOWKER K A, et al, 2005. Mississippian Barnett Shale, Fort Worth basin, north-central Texas: Gas-shale play with multi-trillion cubic foot potential[J]. AAPG Bulletin, 89(2):

155-175.

[71] MOSHER K,HE J,LIU Y,et al,2013. Molecular simulation of methane adsorption in micro- and mesoporous carbons with applications to coal and gas shale systems[J]. International Journal of Coal Geology,109-110(2):36-44.

[72] MURIS M, DUPONT-PAVLOVSKY N, BIENFAIT M, et al, 2001. Where are the molecules adsorbed on single-walled nanotubes? [J]. Surface Science,492(1-2):67-74.

[73] PAN L,XIAO X,TIAN H,et al,2015. A preliminary study on the characterization and controlling factors of porosity and pore structure of the Permian shales in Lower Yangtze region,Eastern China[J]. International Journal of Coal Geology,146:68-78.

[74] PAN L,XIAO X,TIAN H,et al,2016. Geological models of gas in place of the Longmaxi shale in Southeast Chongqing,South China[J]. Marine & Petroleum Geology,73:433-444.

[75] PENG D Y,ROBINSON D B,1976. A new two-constant equation of state [J]. Industrial & Engineering Chemistry Fundamentals,15(1):92-94.

[76] PINI R,OTTIGER S,BURLINI L,et al,2010. Sorption of carbon dioxide,methane and nitrogen in dry coals at high pressure and moderate temperature[J]. International Journal of Greenhouse Gas Control,4(1):90-101.

[77] PINI R,OTTIGER S,RAJENDRANA,et al,2006. Reliable measurement of near-critical adsorption by gravimetric method[J]. Adsorption,12(5):393-403.

[78] REXER T F T,BENHAM M J,APLIN A C,et al,2013. Methane Adsorption on Shale under Simulated Geological Temperature and Pressure Conditions[J]. Energy & Fuels,27(6):3099-3109.

[79] ROSS D J K,BUSTIN R M,2008. Characterizing the shale gas resource potential of Devonian-Mississippian strata in the Western Canada sedimentary basin: Application of an integrated formation evaluation[J]. AAPG bulletin,92(1):87-125.

[80] ROSS D J K,BUSTIN R M,2007. Impact of mass balance calculations on

adsorption capacities in microporous shale gas reservoirs[J]. Fuel, 86 (17):2696-2706.

[81] ROSS D J K, BUSTIN R M, 2009. The importance of shale composition and pore structure upon gas storage potential of shale gas reservoirs[J]. Marine and Petroleum Geology, 26(6):916-927.

[82] ROUQUEROL J, AVNIR D, FAIRBRIDGE C W, et al, 1994. Physical chemistry Division Commission on Colloid and Surface Chemistry, Subcommittee on Characterization of Porous Solids: Recommendations for the characterization of porous solids [J]. International Union of Pure and Applied Chemistry, 68:1739-1758.

[83] Rouquerol J, Avnir D, Fairbridge C W, et al, 1994. Physical chemistry division commission on colloid and surface chemistry, subcommittee on characterization of porous solids: recommendations for the characterization of porous solids[J]. International Union of Pure and Applied Chemistry, 68, 1739-1758.

[84] SAKUROVS R, DAY S, STEVE WEIR A, et al, 2007. Application of a Modified Dubinin-Radushkevich Equation to Adsorption of Gases by Coals under Supercritical Conditions [J]. Energy & Fuels, 21 (2): 992-997.

[85] SAKUROVS R, DAY S, WEIR S, et al, 2008. Temperature dependence of sorption of gases by coals and charcoals[J]. International Journal of Coal Geology, 73(3-4):250-258.

[86] SHAO X, PANG X, LI Q, et al, 2017. Pore structure and fractal characteristics of organic-rich shales: A case study of the lower Silurian Longmaxi shales in the Sichuan Basin, SW China[J]. Marine & Petroleum Geology, 80:192-202.

[87] SING K S W, EVERETT D H, HAUL R A W, et al, 1985. Reporting physisorption data for gas/solid systems with special reference to the determination of surface area and porosity (Recommendations 1984)[J]. Pure and applied chemistry, 57(4):603-619.

[88] SLATT R M, O'BRIEN N R, 2011. Pore types in the Barnett and Woodford gas shales: Contribution to understanding gas storage and migration

pathways in fine-grained rocks[J]. AAPG bulletin, 95(12): 2017-2030.

[89] STEELE W, 2002. Computer simulations of physical adsorption: a historical review[J]. Applied Surface Science, 196(1): 3-12.

[90] SUN L, TUO J, ZHANG M, et al, 2015. Formation and development of the pore structure in Chang 7 member oil-shale from Ordos Basin during organic matter evolution induced by hydrous pyrolysis[J]. Fuel, 158: 549-557.

[91] TAN J, WENIGER P, KROOSS B, et al, 2014. Shale gas potential of the major marine shale formations in the Upper Yangtze Platform, South China, Part II: Methane sorption capacity[J]. Fuel, 129(4): 204-218.

[92] TAN Z, GUBBINS K E, 1990. Adsorption in carbon micropores at supercritical temperatures [J]. Journal of Physical Chemistry, 94 (15): 6061-6069.

[93] TIAN H, LI T, ZHANG T, et al, 2016. Characterization of methane adsorption on overmature Lower Silurian-Upper Ordovician shales in Sichuan Basin, southwest China: Experimental results and geological implications[J]. International Journal of Coal Geology, 156: 36-49.

[94] TIAN H, PAN L, XIAO X, et al, 2013. A preliminary study on the pore characterization of Lower Silurian black shales in the Chuandong Thrust Fold Belt, southwestern China using low pressure N 2 adsorption and FE-SEM methods[J]. Marine and Petroleum Geology, 48: 8-19.

[95] TIAN H, PAN L, ZHANG T, et al, 2015. Pore characterization of organic-rich Lower Cambrian shales in Qiannan Depression of Guizhou Province, Southwestern China[J]. Marine & Petroleum Geology, 62: 28-43.

[96] UNGER E R, 1990P. State of the art of research in kinetic modelling of oil formation and expulsion[J]. Organic Geochemistry, 16(1): 1-25.

[97] VANDENBROUCKE M, LARGEAU C, 2007. Kerogen origin, evolution and structure[J]. Organic Geochemistry, 38(5): 719-833.

[98] VOSS R F, LAIBOWITZ R B, ALESSANDRINI E I, 1991. Fractal Geometry of Percolation in Thin Gold Films[M]// Scaling Phenomena in Disordered Systems. Springer US: 279-288.

[99] WANG F, GUAN J, FENG W, et al, 2013. Evolution of overmature ma-

rine shale porosity and implication to the free gas volume[J]. Petroleum Exploration & Development,40(6):819-824.

[100] WANG Y,ZHU Y,CHEN S,et al,2014. Characteristics of the nanoscale pore structure in Northwestern Hunan shale gas reservoirs using field emission scanning electron microscopy, high-pressure mercury intrusion, and gas adsorption[J]. Energy & Fuels,28(2):945-955.

[101] WANG Y,ZHU Y,LIU S,et al,2016. Methane adsorption measurements and modeling for organic-rich marine shale samples[J]. Fuel, 172:301-309.

[102] WANG Y,ZHU Y,LIU S,et al,2016. Pore characterization and its impact on methane adsorption capacity for organic-rich marine shales[J]. Fuel,181:227-237.

[103] WASHBURN E W,1921. The Dynamics of Capillary Flow[J]. Physical Review,17(3):273-283.

[104] YANG F,NING Z,LIU H,2014. Fractal characteristics of shales from a shale gas reservoir in the Sichuan Basin,China[J]. Fuel,115:378-384.

[105] YANG F,NING Z,WANG Q,et al,2016. Pore structure characteristics of lower Silurian shales in the southern Sichuan Basin,China:Insights to pore development and gas storage mechanism[J]. International Journal of Coal Geology,156:12-24.

[106] YAO Y,LIU D,TANG D,et al,2008. Fractal characterization of adsorption-pores of coals from North China:an investigation on CH 4 adsorption capacity of coals[J]. International Journal of Coal Geology,73(1):27-42.

[107] ZHANG J,CLENNELL M B,DEWHURST D N,et al,2014. Combined Monte Carlo and molecular dynamics simulation of methane adsorption on dry and moist coal[J]. Fuel,122(15):186-197.

[108] ZHANG S,TANG S,TANG D,et al,2014. Determining fractal dimensions of coal pores by FHH model:Problems and effects[J]. Journal of Natural Gas Science & Engineering,21:929-939.

[109] ZHOU L,ZHANG J,ZHOU Y,2001. A simple isotherm equation for modeling the adsorption equilibria on porous solids over wide tempera-

ture ranges[J]. Langmuir,17(18):5503-5507.

[110] ZOU C,YANG Z,PAN S,et al,2016. Shale Gas Formation and Occurrence in China:An Overview of the Current Status and Future Potential [J]. Acta Geologica Sinica,90(4):1249-1283.

[111] 包书景,林拓,聂海宽,等,2016. 海陆过渡相页岩气成藏特征初探:以湘中坳陷二叠系为例[J]. 地学前缘,23(1):44-53.

[112] 蔡进功,包于进,杨守业,等,2007. 泥质沉积物和泥岩中有机质的赋存形式与富集机制[J]. 中国科学:地球科学,37(2):234-243.

[113] 陈波,皮定成,2009. 中上扬子地区志留系龙马溪组页岩气资源潜力评价[J]. 中国石油勘探,(3):15-19.

[114] 陈更生,董大忠,王世谦,等,2009. 页岩气藏形成机理与富集规律初探[J]. 天然气工业,29(5):17-21.

[115] 陈尚斌,秦勇,王阳,等,2015. 中上扬子区海相页岩气储层孔隙结构非均质性特征[J]. 天然气地球科学,26(8):1455-1463.

[116] 陈尚斌,夏筱红,秦勇,等,2013. 川南富集区龙马溪组页岩气储层孔隙结构分类[J]. 煤炭学报,38(5):760-765.

[117] 陈尚斌,朱炎铭,王红岩,等,2012. 川南龙马溪组页岩气储层纳米孔隙结构特征及其成藏意义[J]. 煤炭学报,37(03):438-444.

[118] 陈尚斌,2016. 页岩储层微观结构及其吸附非均质性研究评述[J]. 煤炭科学技术,44(6):23-32.

[119] 陈旭,1986. 湖北宜昌早志留世笔石酸解标本的研究[J]. 古生物学报,25(3):229-238.

[120] 陈燕燕,邹才能,Maria M,等,2015. 页岩微观孔隙演化及分形特征研究[J]. 天然气地球科学,26(9):1646-1656.

[121] 陈义林,秦勇,田华,等,2015. 基于压汞法无烟煤孔隙结构的粒度效应[J]. 天然气地球科学,26(9):1629-1639.

[122] 崔景伟,朱如凯,崔京钢,2013. 页岩孔隙演化及其与残留烃量的关系:来自地质过程约束下模拟实验的证据[J]. 地质学报,87(5):730-736.

[123] 崔永君,张庆玲,杨锡禄,2003. 不同煤的吸附性能及等量吸附热的变化规律[J]. 天然气工业,23(4):130-131.

[124] 代世峰,张贝贝,朱长生,等,2009. 河北开滦矿区晚古生代煤对 CH_4/CO_2 二元气体等温吸附特性[J]. 煤炭学报,(5):577-582.

[125] 戴鸿鸣,黄东,刘旭宁,等,2008. 蜀南西南地区海相烃源岩特征与评价[J]. 天然气地球科学,19(4):503-508.

[126] 丁文龙,许长春,久凯,等,2011. 泥页岩裂缝研究进展[J]. 地球科学进展,26(2):135-144.

[127] 董春梅,马存飞,栾国强,等,2015. 泥页岩热模拟实验及成岩演化模式[J]. 沉积学报,33(5):1053-1061.

[128] 董大忠,王玉满,黄旭楠,等,2016. 中国页岩气地质特征、资源评价方法及关键参数[J]. 天然气地球科学,27(9):1583-1601.

[129] 董大忠,王玉满,李新景,等,2016. 中国页岩气勘探开发新突破及发展前景思考[J]. 天然气工业,36(1):19-33.

[130] 董大忠,邹才能,杨桦,等,2012. 中国页岩气勘探开发进展与发展前景[J]. 石油学报,33(S1):107-114.

[131] 傅家谟,秦匡宗,1995. 干酪根地球化学[M]. 广州:广东科学技术出版社.

[132] 傅雪海,秦勇,张万红,等,2005. 基于煤层气运移的煤孔隙分形分类及自然分类研究[J]. 科学通报,50(b10):51-55.

[133] 高德霖,张琪,孙小玉,2003. 气相吸附平衡的推算——吸附势理论和微孔吸附容积充填理论 [J]. 精细化工原料及中间体,(12):10-13.

[134] 郭秋麟,陈晓明,宋焕琪,等,2013. 泥页岩埋藏过程孔隙度演化与预测模型探讨[J]. 天然气地球科学,24(3):439-449.

[135] 郭彤楼,2016. 涪陵页岩气田发现的启示与思考[J]. 地学前缘,23(1):29-43.

[136] 郭彤楼,2016. 中国式页岩气关键地质问题与成藏富集主控因素[J]. 石油勘探与开发,43(3):317-326.

[137] 韩超,2016. 蜀南地区上奥陶统—下志留统页岩气储层特征及评价[D]. 北京:中国地质大学(北京).

[138] 韩辉,钟宁宁,焦淑静,等,2013. 泥页岩孔隙的扫描电子显微镜观察[J]. 电子显微学报,32(4):325-330.

[139] 韩双彪,张金川,杨超,等,2013. 渝东南下寒武页岩纳米级孔隙特征及其储气性能[J]. 煤炭学报,38(6):1038-1043.

[140] 何治亮,汪新伟,李双建,等,2011. 中上扬子地区燕山运动及其对油气保存的影响[J]. 石油实验地质,33(1):1-11.

[141] 侯宇光,何生,易积正,等,2014. 页岩孔隙结构对甲烷吸附能力的影响

[J]. 石油勘探与开发,41(2):248-256.

[142] 胡海燕,2013. 富有机质 Woodford 页岩孔隙演化的热模拟实验[J]. 石油学报,34(5):820-825.

[143] 胡琳,朱炎铭,陈尚斌,等,2013. 蜀南双河龙马溪组页岩孔隙结构的分形特征[J]. 新疆石油地质,34(1):79-82.

[144] 胡召齐,2011. 上扬子地区北部构造演化与热年代学研究[D]. 合肥:合肥工业大学.

[145] 扈金刚,2016. 湘西北地区富有机质页岩孔隙结构及其演化特征研究[D]. 北京:中国地质大学(北京).

[146] 黄金亮,董大忠,李建忠,等,2016. 陆相页岩储层特征及其影响因素:以四川盆地上三叠统须家河组页岩为例[J]. 地学前缘,23(2):158-166.

[147] 黄磊,申维,2015. 页岩气储层孔隙发育特征及主控因素分析:以上扬子地区龙马溪组为例[J]. 地学前缘,22(1):374-385.

[148] 黄志诚,黄钟瑾,1991. 下扬子区五峰组火山碎屑岩与放射虫硅质岩[J]. 沉积学报,9(2):1-15.

[149] 吉利明,马向贤,夏燕青,等,2014. 黏土矿物甲烷吸附性能与微孔隙体积关系[J]. 天然气地球科学,25(2):141-152.

[150] 吉利明,邱军利,夏燕青,等,2012. 常见黏土矿物电镜扫描微孔隙特征与甲烷吸附性[J]. 石油学报,33(2):249-256.

[151] 吉利明,吴远东,贺聪,等,2016. 富有机质泥页岩高压生烃模拟与孔隙演化特征[J]. 石油学报,37(2):172-181.

[152] 贾承造,郑民,张永峰,2014. 非常规油气地质学重要理论问题[J]. 石油学报,35(1):1-10.

[153] 贾承造,2017. 论非常规油气对经典石油天然气地质学理论的突破及意义[J]. 石油勘探与开发,44(1):1-11.

[154] 姜文,唐书恒,张静平,等,2013. 基于压汞分形的高变质石煤孔渗特征分析[J]. 煤田地质与勘探,(4):9-13.

[155] 姜振学,唐相路,李卓,等,2016. 川东南地区龙马溪组页岩孔隙结构全孔径表征及其对含气性的控制[J]. 地学前缘,23(2):126-134.

[156] 焦堃,姚素平,吴浩,等,2014. 页岩气储层孔隙系统表征方法研究进展[J]. 高校地质学报,20(1):151-161.

[157] 焦堃,2015. 煤和泥页岩纳米孔隙的成因、演化机制与定量表征[D]. 南

京:南京大学.

[158] 焦淑静,韩辉,翁庆萍,等,2012.页岩孔隙结构扫描电镜分析方法研究[J].电子显微学报,31(5):432-436.

[159] 解德录,郭英海,赵迪斐,2014.基于低温氮实验的页岩吸附孔分形特征[J].煤炭学报,39(12):2466-2472.

[160] 近藤精一,石川达雄,安部郁夫,等,2006.吸附科学[M].北京:化学工业出版社.

[161] 久凯,丁文龙,王哲,等,2016.黔北凤冈地区龙马溪组页岩储层储集空间划分与演化过程分析[J].地学前缘,23(1):195-205.

[162] 康毅力,陈益滨,李相臣,等,2017.页岩粒径对甲烷吸附性能影响[J].天然气地球科学,28(2):272-279.

[163] 李登华,李建忠,王社教,等,2009.页岩气藏形成条件分析[J].天然气工业,(5):22-26.

[164] 李晋宁,姚素平,孙超,等,2016.宁镇地区下志留统高家边组富有机质页岩孔隙结构[J].高校地质学报,22(1):159-170.

[165] 李文峰,1990.四川南部志留系干酪根样品中生物化石研究初探[J].石油实验地质,(3):333-337.

[166] 李相方,蒲云超,孙长宇,等,2014.煤层气与页岩气吸附/解吸的理论再认识[J].石油学报,35(6):1113-1129.

[167] 李新景,陈更生,陈志勇,等,2016.高过成熟页岩储层演化特征与成因[J].天然气地球科学,27(3):407-416.

[168] 李新景,吕宗刚,董大忠,等,2009.北美页岩气资源形成的地质条件[J].天然气工业,29(5):27-3.

[169] 梁超,姜在兴,杨镱婷,等,2012.四川盆地五峰组—龙马溪组页岩岩相及储集空间特征[J].石油勘探与开发,39(6):691-698.

[170] 梁兴,张廷山,杨洋,等,2014.滇黔北地区筇竹寺组高演化页岩气储层微观孔隙特征及其控制因素[J].天然气工业,34(2):18-26.

[171] 林腊梅,张金川,韩双彪,等,2012.泥页岩储层等温吸附测试异常探讨[J].油气地质与采收率,19(6):30-32.

[172] 刘聪敏,2010.吸附法浓缩煤层气甲烷研究[D].天津:天津大学.

[173] 刘大锰,李振涛,蔡益栋,2015.煤储层孔-裂隙非均质性及其地质影响因素研究进展[J].煤炭科学技术,43(2):10-15.

[174] 刘建华,朱西养,王四利,等,2005.四川盆地地质构造演化特征与可地浸砂岩型铀矿找矿前景[J].铀矿地质,21(6):321-330.

[175] 刘若冰,田景春,魏志宏,等,2006.川东南地区震旦系—志留系下组合有效烃源岩综合研究[J].天然气地球科学,17(6):824-828.

[176] 刘圣鑫,钟建华,马寅生,等,2015.页岩中气体的超临界等温吸附研究[J].煤田地质与勘探,43(3):45-50.

[177] 刘树根,马文辛,LUBA J,等,2011.四川盆地东部地区下志留统龙马溪组页岩储层特征[J].岩石学报,27(8):2239-2252.

[178] 刘树根,孙玮,宋金民,等,2015.四川盆地海相油气分布的构造控制理论[J].地学前缘,22(3):146-160.

[179] 刘文平,张成林,高贵冬,等,2017.四川盆地龙马溪组页岩孔隙度控制因素及演化规律[J].石油学报,38(2):175-184.

[180] 刘宇,彭平安,2017.不同矿物组分对泥页岩纳米孔隙发育影响因素研究[J].煤炭学报,42(03):702-711.

[181] 刘宇,夏筱红,李伍,等,2015.重庆綦江地区龙马溪组页岩孔隙特征与页岩气赋存关系探讨[J].天然气地球科学,26(8):1596-1603.

[182] 龙鹏宇,张金川,姜文利,等,2012.渝页1井储层孔隙发育特征及其影响因素分析[J].中南大学学报(自然科学版),43(10):205-214.

[183] 龙鹏宇,张金川,唐玄,等,2011.泥页岩裂缝发育特征及其对页岩气勘探和开发的影响[J].天然气地球科学,22(3):525-532.

[184] 龙鹏宇,2011.上扬子地区页岩气成藏条件及有利区分析[D].北京:中国地质大学(北京).

[185] 卢龙飞,蔡进功,刘文汇,等,2013.泥岩与沉积物中粘土矿物吸附有机质的三种赋存状态及其热稳定性[J].石油与天然气地质,34(1):16-26.

[186] 卢双舫,黄文彪,陈方文,等,2012.页岩油气资源分级评价标准探讨[J].石油勘探与开发,39(2):249-256.

[187] 罗超,2014.上扬子地区下寒武统牛蹄塘组页岩特征研究[D].成都:成都理工大学.

[188] 马行陟,柳少波,姜林,等,2016.页岩吸附气含量测定的影响因素定量分析[J].天然气地球科学,27(3):488-493.

[189] 马中良,郑伦举,徐旭辉,等,2017.富有机质页岩有机孔隙形成与演化的热模拟实验[J].石油学报,38(1):23-30.

[190] 聂海宽,唐玄,边瑞康,2009.页岩气成藏控制因素及中国南方页岩气发育有利区预测[J].石油学报,30(4):484-491.

[191] 聂海宽,张金川,马晓彬,等,2013.页岩等温吸附气含量负吸附现象初探[J].地学前缘,20(6):282-288.

[192] 潘磊,2016.下扬子地区二叠系页岩储集物性及含气性地质模型[D].北京:中国科学院大学.

[193] 彭瑞东,杨彦从,鞠杨,等,2011.基于灰度CT图像的岩石孔隙分形维数计算[J].科学通报,56(26):2256-2266.

[194] 蒲泊伶,董大忠,吴松涛,等,2014.川南地区下古生界海相页岩微观储集空间类型[J].中国石油大学学报:自然科学版,(4):19-25.

[195] 蒲泊伶,蒋有录,王毅,等,2010.四川盆地下志留统龙马溪组页岩气成藏条件及有利地区分析[J].石油学报,31(2):225-230.

[196] 秦勇,宋全友,傅雪海,2005.煤层气与常规油气共采可行性探讨——深部煤储层平衡水条件下的吸附效应[J].天然气地球科学,16(4):492-498.

[197] 秦勇,徐志伟,张井,1995.高煤级煤孔径结构的自然分类及其应用[J].煤炭学报,(3):266-271.

[198] 盛茂,李根生,陈立强,等,2014.页岩气超临界吸附机理分析及等温吸附模型的建立[J].煤炭学报,39(a01):179-183.

[199] 宋晓夏,唐跃刚,李伟,等,2014.基于小角X射线散射构造煤孔隙结构的研究[J].煤炭学报,39(4):719-724.

[200] 宋岩,姜林,马行陟,2013.非常规油气藏的形成及其分布特征[J].古地理学报,15(5):605-614.

[201] 隋宏光,姚军,2016. CO_2/CH_4 在干酪根中竞争吸附规律的分子模拟[J].中国石油大学学报:自然科学版,40(2):147-154.

[202] 汤庆艳,张铭杰,张同伟,等,2013.生烃热模拟实验方法述评[J].西南石油大学学报:自然科学版,35(1):52-62.

[203] 腾格尔,高长林,胡凯,等,2007.上扬子北缘下组合优质烃源岩分布及生烃潜力评价[J].天然气地球科学,18(2):254-259.

[204] 腾格尔,2017.四川盆地五峰组—龙马溪组页岩气形成与聚集机理[J].石油勘探与开发,(1):20-24.

[205] 田华,张水昌,柳少波,等,2016.X射线小角散射法研究页岩成熟演化过程中孔隙特征[J].石油实验地质,38(1):135-140.

[206] 田华,张水昌,柳少波,等,2012.压汞法和气体吸附法研究富有机质页岩孔隙特征[J].石油学报,33(3):419-427.

[207] 汪吉林,刘桂建,王维忠,等,2013.川东南龙马溪组页岩孔裂隙及渗透性特征[J].煤炭学报,38(5):772-777.

[208] 汪啸风,柴之芳,1989.奥陶系与志留系界线处生物绝灭事件及其与铱和碳同位素异常的关系[J].地质学报,(3):255-264.

[209] 汪啸风,曾庆銮,周天梅,等,1986.再论奥陶系与志留系界线的划分与对比[J].地球学报,(1):157-175.

[210] 汪新伟,沃玉进,周雁,等,2011.构造作用对油气保存影响的研究进展——以上扬子地区为例[J].石油实验地质,33(1):34-42.

[211] 王飞宇,关晶,冯伟平,等,2013.过成熟海相页岩孔隙度演化特征和游离气量[J].石油勘探与开发,40(6):764-768.

[212] 王兰生,邹春艳,郑平,等,2009.四川盆地下古生界存在页岩气的地球化学依据[J].天然气工业,29(5):56-62.

[213] 王淑芳,张子亚,董大忠,等,2016.四川盆地下寒武统筇竹寺组页岩孔隙特征及物性变差机制探讨[J].天然气地球科学,27(9):1619-1628.

[214] 王欣,齐梅,李武广,等,2015.基于分形理论的页岩储层微观孔隙结构评价[J].天然气地球科学,26(4):754-759.

[215] 王玉满,董大忠,杨桦,等,2014.川南下志留统龙马溪组页岩储集空间定量表征[J].中国科学:地球科学,(6):1348-1356.

[216] 王玉满,黄金亮,李新景,等,2015.四川盆地下志留统龙马溪组页岩裂缝孔隙定量表征[J].天然气工业,35(9):8-15.

[217] 魏祥峰,刘若冰,张廷山,等,2013.页岩气储层微观孔隙结构特征及发育控制因素——以川南-黔北 XX 地区龙马溪组为例[J].天然气地球科学,24(5):1048-1059.

[218] 沃玉进,肖开华,周雁,等,2006.中国南方海相层系油气成藏组合类型与勘探前景[J].石油与天然气地质,27(1):11-16.

[219] 吴林钢,李秀生,郭小波,等,2012.马朗凹陷芦草沟组页岩油储层成岩演化与溶蚀孔隙形成机制[J].中国石油大学学报自然科学版,36(3):38-43.

[220] 吴松涛,朱如凯,崔京钢,等,2015.鄂尔多斯盆地长 7 湖相泥页岩孔隙演化特征[J].石油勘探与开发,42(2):167-176.

[221] 伍岳，樊太亮，蒋恕，等，2014. 海相页岩储层微观孔隙体系表征技术及分类方案[J]. 地质科技情报，(4)：91-97.

[222] 武景淑，于炳松，张金川，等，2013. 渝东南渝页1井下志留统龙马溪组页岩孔隙特征及其主控因素[J]. 地学前缘，20(3)：260-269.

[223] 肖贤明，宋之光，朱炎铭，等，2013. 北美页岩气研究及对我国下古生界页岩气开发的启示[J]. 煤炭学报，38(5)：721-727.

[224] 肖贤明，王茂林，魏强，等，2015. 中国南方下古生界页岩气远景区评价[J]. 天然气地球科学，26(8)：1433-1445.

[225] 谢晓永，唐洪明，王春华，等，2006. 氮气吸附法和压汞法在测试泥页岩孔径分布中的对比[J]. 天然气工业，26(12)：100-102.

[226] 熊健，刘向君，梁利喜，2016. 甲烷在蒙脱石狭缝孔中吸附行为的分子模拟[J]. 石油学报，37(8)：1021-1029.

[227] 徐祖新，郭少斌，乔辉，等，2014. 页岩气储层孔隙结构分形特征研究[J]. 非常规油气，(2)：20-25.

[228] 薛华庆，王红岩，刘洪林，等，2013. 页岩吸附性能及孔隙结构特征——以四川盆地龙马溪组页岩为例[J]. 石油学报，34(5)：826-832.

[229] 薛莲花，杨巍，仲佳爱，等，2015. 富有机质页岩生烃阶段孔隙演化——来自鄂尔多斯延长组地质条件约束下的热模拟实验证据[J]. 地质学报，89(5)：970-978.

[230] 杨超，张金川，唐玄，2013. 鄂尔多斯盆地陆相页岩微观孔隙类型及对页岩气储渗的影响[J]. 地学前缘，20(4)：240-250.

[231] 杨峰，宁正福，孔德涛，等，2013. 高压压汞法和氮气吸附法分析页岩孔隙结构[J]. 天然气地球科学，24(3)：450-455.

[232] 杨峰，宁正福，张世栋，等，2013. 基于氮气吸附实验的页岩孔隙结构表征[J]. 天然气工业，33(4)：135-140.

[233] 杨侃，2011. 岩石微孔隙中气体吸附，链状分子运移的计算模拟及其油气地质意义[D]. 南京：南京大学.

[234] 姚素平，焦堃，李苗春，等，2012. 煤和干酪根纳米结构的研究进展[J]. 地球科学进展，27(4)：367-378.

[235] 尹福光，许效松，万方，等，2002. 加里东期上扬子区前陆盆地演化过程中的层序特征与地层划分[J]. 地层学杂志，26(4)：315-319.

[236] 于炳松，2012. 页岩气储层的特殊性及其评价思路和内容[J]. 地学前缘，

19(3):252-258.

[237] 于炳松,2013.页岩气储层孔隙分类与表征[J].地学前缘,(4):211-220.

[238] 张金川,林腊梅,李玉喜,等,2012.页岩气资源评价方法与技术:概率体积法[J].地学前缘,19(2):184-191.

[239] 张金川,聂海宽,徐波,等,2008.四川盆地页岩气成藏地质条件[J].天然气工业,28(2):151-156.

[240] 张琴,朱筱敏,李晨溪,等,2016.渤海湾盆地沾化凹陷沙河街组富有机质页岩孔隙分类及孔径定量表征[J].石油与天然气地质,37(3):422-432.

[241] 张廷山,何映颉,杨洋,等,2017.有机质纳米孔隙吸附页岩气的分子模拟[J].天然气地球科学,28(1):146-155.

[242] 张廷山,杨洋,龚其森,等,2014.四川盆地南部早古生代海相页岩微观孔隙特征及发育控制因素[J].地质学报,88(9):1728-1740.

[243] 张维生,2009.川东南-黔北地区龙马溪组沉积环境及烃源岩发育控制因素[D].徐州:中国矿业大学.

[244] 张雪芬,陆现彩,张林晔,等,2010.页岩气的赋存形式研究及其石油地质意义[J].地球科学进展,25(6):597-604.

[245] 赵可英,郭少斌,2015.海陆过渡相页岩气储层孔隙特征及主控因素分析--以鄂尔多斯盆地上古生界为例[J].石油实验地质,37(2):141-149.

[246] 赵文智,李建忠,杨涛,等,2016.中国南方海相页岩气成藏差异性比较与意义[J].石油勘探与开发,43(4):499-510.

[247] 赵杏媛,张有瑜,1990.粘土矿物与粘土矿物分析[J].北京:海洋出版社.

[248] 钟宁宁,秦勇,1995.碳酸盐岩有机岩石学[M].北京:科学出版社.

[249] 钟太贤,2012.中国南方海相页岩孔隙结构特征[J].天然气工业,32(9):1-4.

[250] 周传祎,2008.川东南—黔中及其周边地区烃源岩品质与环境控制因素研究[D].北京:中国地质大学(北京).

[251] 周理,李明,周亚平,2000.超临界甲烷在高表面活性炭上的吸附测量及其理论分析[J].中国科学:化学,30(1):49-56.

[252] 周理,周亚平,孙艳,等,2004.超临界吸附及气体代油燃料技术研究进展[J].自然科学进展,14(6):615-623.

[253] 周尚文,王红岩,薛华庆,等,2016.页岩过剩吸附量与绝对吸附量的差异及页岩气储量计算新方法[J].天然气工业,36(11):12-20.

[254] 周尚文,薛华庆,郭伟,等,2016.基于重量法的页岩气超临界吸附特征实验研究[J].煤炭学报,41(11):2806-2812.

[255] 邹才能,董大忠,王社教,等,2010.中国页岩气形成机理、地质特征及资源潜力[J].石油勘探与开发,37(6):641-653.

[256] 邹才能,董大忠,王玉满,等,2015.中国页岩气特征、挑战及前景(一)[J].石油勘探与开发,42(6):689-701.

[257] 邹才能,陶士振,白斌,等,2015.论非常规油气与常规油气的区别和联系[J].中国石油勘探,20(1):1-16.

[258] 邹才能,朱如凯,白斌,等,2011.中国油气储层中纳米孔首次发现及其科学价值[J].岩石学报,27(6):1857-1864.